权威解读农业热点

农科专家在线（第一卷）

携手顶级农业科学家赴一场知识盛宴

姜梅林　李海燕　邬震坤　编著

中国农业科学技术出版社

《农科专家在线（第一卷）》
编著委员会

主　任：陈萌山

副主任：高士军　姜梅林　张应禄　骆建忠

委　员（按姓氏笔画排序）：

马代夫　王　静　王力荣　王小虎　王凤忠　王东阳
王加启　尹军峰　艾　军　付宝权　刘文革　刘崇怀
许世卫　孙君茂　李　强　李志平　李春义　杨其长
杨福合　吴黎明　邱德文　何中虎　张　泓　张卫建
张友军　张秀荣　张忠锋　张春义　陈宗懋　陈爱亮
明　军　金黎平　郑永权　赵秉强　黄凤洪　曹永生
曹清河　董照辉　韩天富　喻树迅　魏灵玲

主 编 著：姜梅林　李海燕　邬震坤

副主编著：侯丹丹　陈　莹　朱妍婕　高羽洁　郑钊光

编 著 者（按姓氏笔画排序）：

卫　斐　王　佳　王　瑀　王冬昭　冯文娟　仰皖旭
李海芬　李瑞珍　余　波　迟立鹏　张　莉　张晓鹏
陈鎏琰　赵　倩　胡　强　徐东霞　高　雷　崔　艳
董玲霞

［前言］

  让农业成为有奔头的产业，让农村成为幸福美好的家园，让农民过上幸福美满的日子，是习近平总书记的"三农梦"，也是农业科技工作者的梦。

  中国农业科学院是中央级综合性农业科研机构，几代农业科技工作者致力于解决我国农业战略性、全局性、关键性、基础性科技问题。习近平总书记在建院60周年的贺信中指出：中国农业科学院面向世界农业科技前沿、面向国家重大需求、面向现代农业建设主战场，加快建设世界一流学科和一流科研院所，勇攀高峰，率先跨越，推动我国农业科技整体跃升，为实现"两个一百年"奋斗目标、实现中华民族伟大复兴的中国梦，做出新的更大的贡献。

  农业科技传播工作是农业科技工作的重要组成，随着大众阅读习惯的改变，以手机为载体的网络传播展现出前所未有的活力。运用新媒体手段传播农业前沿信息、推进农业科技成果转化迎来历史性的新机遇。农业媒体人牢记总书记"培养造就一支政治坚定、业务精湛、作风优良、党和人民放心的网络新闻铁军，牢牢把握网上主流舆论宣传阵地的领导权、话语权"的使命，积极打造农业宣传高峰。

"农科专家在线"微信公众平台作为中国农业科学院的首个官方科普平台，对农业科技传播模式的探索具有里程碑式的意义。平台建立一年来，受到广泛关注。通过新媒体的农业知识服务向全社会宣传中国农业科学院一流科学家的科研成果和专家团队，围绕与农业科技相关的社会热点话题，促进农业科学家积极投入科普工作。

《农科专家在线（第一卷）》将中国农业科学院的官方微信号自 2017 年 4 月创办以来发布的原创科普选题整理成册，汇聚了中国农业科学院 30 余位一流的农业科学专家及其团队的近 50 期选题。希望这些成果的普及能更好地服务"三农"，为深入贯彻落实创新驱动发展战略，努力推动乡村振兴作贡献。

编著者

2018 年 5 月 4 日

目录 Contents

• 作物科学 •

● 畜牧兽医 ●

● 资源环境 ●

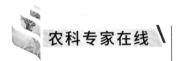农科专家在线

作物科学

排放高？这"锅"新品种水稻不背

张卫建

研究员，博士生导师。中国农业科学院作物耕作与生态创新团队首席，中国耕作制度学会副理事长，中国生态农业专业委员会副主任委员，世界银行和联合国粮农组织农艺咨询专家。

"民以食为先，食以米为先"，我国 65% 的人以大米为主食，2030 年我国水稻产量仍需较现有水平提高 20% 左右。在水稻复种指数持续下降、稻田面积难以增加、收获指数已近高限等多重压力下，通过品种改良和农艺创新，实现水稻单产的持续稳定增长，是确保我国"口粮绝对安全"的根本途径。

水稻

稻田 = 高排区域

全球气候变暖已是不争的事实，并仍在加剧，严重威胁人类社会的未来发展。已有的大量科学证据表明，人类活动导致的温室气体排放增加是气候变暖的主要驱动力。CH_4 是全球第二大温室气体，其增温效应是第一大温室气体 CO_2 的 24 倍。稻田是 CH_4 的主要排放源，占人类活动总排放的 11% 左右。因此，通过品种改良与农艺技术创新，实现稻田 CH_4 减排，不仅与我们的日常生活密切相关，而且也与人类的生存与发展息息相

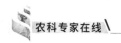

关。现有资源表明，自工业化革命以来，空气中的 CH_4 浓度已经升高了 150%，稻田减排刻不容缓。

水稻高产新品种与稻田 CH_4 排放的关系

水稻高产新品种不仅可以通过根系分泌物和凋落物的形式为稻田 CH_4 产生菌提供更多的碳源，促进 CH_4 产生，利于 CH_4 排放，还可以通过强大的通气组织（茎秆和根系）为稻田 CH_4 氧化菌提供更多的氧气，促进 CH_4 氧化，利于 CH_4 减排。研究发现，当稻田土壤贫瘠时，CH_4 产生的有机碳源主要来自水稻当季光合产物，高产品种可以显著提高 CH_4 产生，进而增加排放；当稻田土壤比较肥沃或大量秸秆还田时，土壤本身的有机碳源充足而氧气受限，高产品种根际泌氧强，因此促进 CH_4 氧化进而减少排放。由此可见，水稻品种对稻田 CH_4 排放的调控是通过植株影响稻田土壤有机碳源和氧源及微生物群落状况，进而调控 CH_4 的产生和氧化过程，是作物—土壤系统的地上地下互作过程。

高产与减排，一个都不能少

高产新品种对稻田 CH_4 排放的影响取决于稻田土壤有机质水平。当稻田土壤贫瘠（有机质含量低于 1.4%）时，高产品种会提高 CH_4 排放；在中高产稻田或秸秆还田下（有机质含量高于 2.1%），高产新品种显著降低稻田 CH_4 排放。由于中高产稻田的 CH_4 排放总量远高于贫瘠稻田，因此，高产新品种的 CH_4 净减排量远高于其在贫瘠稻田的增排效应。根据第二次土壤普查数据，我国 80% 以上的稻田有机质含量高于 2.1%，且近年来仍呈稳定递增趋势。由此可见，我国水稻高产新品种的大面积推广，不仅保障了国家的口粮安全，而且起到了显著的 CH_4 减排效果，利于减缓气候变化。

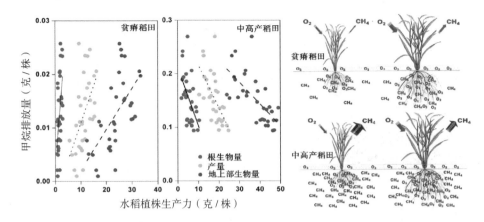

水稻品种生产力与稻田 CH₄ 排放的关系与作用机制

高产低碳的稻作新模式带来显著效果

　　水稻增产与稻田减排的协调是一个系统工程，需要品种改良与农艺创新及机械配套的集成创新。首先，要针对不同稻作区的生态环境特点，选用适宜的优质高产低碳排放的水稻品种，确保水稻优质高产的协调。其次，要配套优质高效的耕作栽培技术，通过增密控水减肥措施，来调控耕层土壤的有机碳和氧的状况，依靠高产品种的强劲通气组织，提高土壤氧气含量。另外，研发并配套节能高效的耕种机具和机械化作业流程，通过节能减损，进一步提升减排效果。近 5 年来，通过推广高产低碳排放水稻品种、增密减氮栽培技术、厢沟配套的高效耕种机具的总和集成，我们创建了高产

水稻丰产与稻田减排的低碳稻作模式集成与示范推广

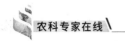
低碳稻作新模式。该模式在我国水稻主要产区累计推广应用 380 万公顷，增产稻谷 196.3 万吨，节本增收 57.6 亿元，温室气体减排 368.2 万吨，取得了显著的社会效益、经济效益和生态效益。

专家团队介绍

团队名称：作物耕作与生态

所属单位：中国农业科学院作物科学研究所

团队主要成员：周文彬，邓艾兴，宋振伟，郑成岩，张俊

团队主要研究内容：以主要粮食作物为对象，农田生态系统为边界，重点开展绿色增产增效的作物耕作与农田生态理论与技术创新，以及丰产增效耕作模式的集成示范与推广应用，创建耕作制度与农田生态创新平台及高级人才培养中心。主要研究领域包括：作物系统的环境响应与资源配置技术、耕层质量演变与耕作调控技术、增产减排的轮耕模式集成示范与推广应用。

团队主要业绩：近 5 年在作物丰产增效栽培、环境友好耕作、作物生产应对气候变化等理论与技术上取得了较好进展，以玉米为主体研发的密植高产与水热高效协调的栽培技术获得黑龙江省科技进步二等奖，以水稻为主体创建的高产低碳排放的稻作新模式获得中华农业科技奖二等奖；以应对气候变化为出发点，所揭示的作物丰产增效与农田温室气体减排的协调机制，发表在《Nature》《Global Change Biology》等重要刊物上。团队现主持"十三五"国家重点研发项目 2 项，拥有 2 名国家产业技术体系岗位科学家，综合实力雄厚。

采写：李海燕　陈莹　侯丹丹

二伏吃面有讲究，中国好面条从何而来

何中虎

研究员。小麦亲本创制与新品种选育科研团队首席科学家，兼任国家小麦改良中心主任，中国作物学会小麦产业委员会主任委员，国际小麦协调委员会学术委员，美国作物学会和美国农学会会士（Fellow）。

北方有俗语"头伏饺子二伏面"，今天让我们好好说说"面"。

起源：4 000 年前的一碗面条

在中国，面条有着悠久的历史。东汉的"煮饼"、魏晋的"汤饼"，都是面条最初的叫法。2002 年，考古工作者在青海喇家遗址一处房址中发现一些陶碗，在里面找到如面条状物体。经过比对其中淀粉的结构，判断这些"面条"是用杂粮制作，有一些像小米，还有一些类似黍，而它们的历史竟有 4 000 年之久！

小麦：现代面条的主要原料

现代面条的原料是小麦，小麦原产西亚北非一带，最终在全世界风靡扎根不是没有原因的。撇开种植不谈，相比水稻、玉米和其他杂粮，小麦富含面筋蛋白。这种蛋白让面团独具韧性，易于加工成不同形状，不仅能做面条，还能做面包、馒头、饼干、糕点等产品，口感也更加丰富多样。

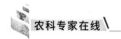

面条：营养、健康、低热量，堪称完美的主食

面条吃法虽简单，其营养价值却很高。面粉的蛋白质含量比大米高，主要是麦角蛋白，也就是我们常说的"面筋"，它具有很强的弹性和延展性，可以制成各式各样的面条而不会断裂，这种蛋白质也是人体所必需的。

除了蛋白质外，面条还富含为人体提供热量的碳水化合物、维持神经平衡所必需的维生素 B_1、维生素 B_2、维生素 B_3、维生素 B_6 和维生素 B_9，还含有铁、锌、钙、磷、镁和钾等多种矿物质。暑热难耐，人们食欲不振，面食相对好消化吸收，这也是热天吃面食的一个理由。

另外，面条不会引起肥胖！面条不会引起肥胖！面条不会引起肥胖！重要的事情说三遍。

面条含热量低，面条在煮的过程中会吸收大量的水，100克面条煮熟后变成400克。每150克煮熟的面条含有1克脂肪、7克蛋白质、40克碳水化合物，热量是753.45千焦，它脂肪不多，但特别能给人饱腹感。所以，爱美的姑娘们，放心吃面吧。

讲真：好面条有标准

你知道怎么煮面条最好吃吗？"筋道爽滑"的面条是由哪些因素影响的？小麦亲本创制与新品种选育创新团队（以下简称团队）以传统食品面条品质为切入点，对面条制作的适宜加水量、和面时间、压片、煮面方法、面条评价指标进行了系统研究，建立了我国面条的标准化实验室制作方法与评价体系。

我们来看看这套制作方法究竟神奇在什么地方呢？最佳的和面加水量，加水后面团水分含量35.0%；最佳和面程序，低速（1分钟）、快速（2分钟）、低速（2分钟）；最佳压面方法，在压面机上压面8次（每次

最佳和面程序

最佳压面方法

需调整轴距确保压出的面片厚度 1.4~1.5 毫米），并在最后一次压片时切成面片；最佳煮面方法，每 2 升水中放 150 克面条，煮 6 分钟，其间用筷子适当翻动，结束后立即放入冰水中冷却 2 分钟。

不仅如此，团队还对面条的感官评价方法进行了改进。综合国内外的评价指标，针对中国面条的饮食习惯，调整后的中国面条的评价体系为：色泽 15 分、外观 10 分、软硬度 20 分、黏弹性 30 分、光滑性 15 分、食味 10 分。评价人员必须要接受严格培训和筛选，才能确保评价的客观准确。

好面要好麦：中国好小麦有标准

我们都知道，面条主要是由小麦加工而成的。一碗好面条，不仅要做好、煮好，更重要的是小麦的品质。

"优质"由哪些具体性状体现？颜色、口感、味道。是小麦的哪些性状决定着面条的这些品质？经过对成千上万样品的品尝、分析、对照、检验，最终确定了蛋白质、淀粉、色泽作为表型分析的 3 项主要

面条小麦的品质评价与分子标记选择体系

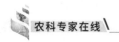

指标。

　　然而，团队并不满足于面条评价指标的表型分析，将新兴的分子标记技术用于面条品质研究，在基因层次阐释面条品质遗传机理，使品质育种有规可循。团队最终从食品品质—性状—蛋白质—DNA 4 个层次建立了中国小麦品种品质评价体系。

　　面条是团队建立小麦评价体系的切入点，取得成果后，团队进一步确定了馒头、饺子等主要食品的品质选择指标，建立了表型分析与基因鉴定相结合，包括磨粉品质评价、加工品质间接评价、五种主要食品实验室评价与选择指标的中国小麦品种品质评价体系，被 20 多家育种单位和面粉公司采用，建立的基因标记技术在美国、澳大利亚等 16 个国家广泛使用。

不忘初心："中麦 175"好看、好吃、好管、产量高

　　面条品质的系统研究为我国小麦研究画下浓墨重彩的一笔，团队成员们被誉为"中国最会吃面条的人"，然而团队成员没有忘记当年学农的初心——让全国的老百姓都能吃上白面馍馍和面条。

　　针对小麦优质品种产量偏低等突出问题，团队利用建立的品质评价体

"中麦 175"

系育成 20 个高产优质新品种。其中，"中麦 175"不仅做面条品质好，做馒头品质也好；不仅水浇地适宜种，黄土高原的旱地也适宜种。分别通过北部冬麦区水地和黄淮旱肥地两次国家审定及 5 省

市审定，是近 30 年来第一个同时通过国家水地和旱地审定的品种，被农业部推荐为全国的主导品种，已经连续 8 年作为国家区域试验的对照品种，连续 7 年成为北部冬麦区第一大品种，分别创造了北部冬麦区水地、陕西省旱地和甘肃省旱地高产纪录。

由于"中麦 175"适应性广，在旱地连续多年表现"旱年保产、丰年增产"的优势，属于"好看、好吃、好管、产量高"的品种，在甘肃陇东平凉地区被选为精准扶贫、提高农民收益的优良品种。近几年，团队先后 20 多次到陇东指导品种推广，与当地技术人员共同努力，实现了良种良法配套，使国家级贫困县甘肃泾川、灵台等旱地小麦大面积实现了亩产从 400 千克到 500 千克的跨越。

使国家级贫困县甘肃泾川、灵台等旱地小麦大面积实现了亩产从 400 千克到 500 千克的跨越

专家团队介绍

团队名称：小麦亲本创制与新品种选育创新团队

所属单位：中国农业科学院作物科学研究所

专家介绍：何中虎主要从事小麦新品种选育与分子标记研究。建立了中国小麦品种品质评价体系，发掘验证的 50 个育种可用标记约占国际同类标记 40%，获国家科技进步一等奖和二等奖各 1 项；育成 20 个国审或省审品种，"中麦 175"等 4 个主栽品种累计推广约 5 000 万亩；发表 SCI 论文 120 篇，获授权发明专利和新品种保护权 23 项。入选百千万人才计划和万人计划领军人才，获光华工程奖、中华农业英才奖、全国农业先进

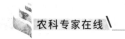

个人称号和首届创新争先奖奖章。

团队介绍：主要任务是新品种选育及育种可用分子标记发掘与应用。在北京、石家庄和安阳（与中国农业科学院棉花所合作）分别设立了育种站，还建立了设备完善的分子标记实验室和品质实验室。自2000年以来，团队在品质改良技术、抗病育种方法和高产优质抗病新品种选育三方面取得突出成绩。作为第一完成单位，"中国小麦品种品质评价体系建立与分子改良技术研究"获2008年国家科技进步一等奖，"CIMMYT小麦引进、研究与创新利用"获2015年国家科技进步二等奖。还获2011年中华农业科技奖创新团队奖，并获2016年国家科技进步奖创新团队奖（何中虎排名第二）。主持育成新品种20个包括国审品种5个，其中4个主栽品种累计推广约5 000万亩。

采写：李海燕　朱妍婕

马铃薯斩获国家科技进步二等奖

金黎平

研究员，博士生导师。中国农业科学院蔬菜花卉研究所"马铃薯育种与栽培创新团队"首席专家，国家现代农业马铃薯产业技术体系首席科学家，全国农业科研杰出人才。

喜报

中国农业科学院蔬菜花卉研究所"早熟优质多抗马铃薯新品种选育与应用"项目喜获 2017 年国家科技进步二等奖。

我国是世界马铃薯第一种植大国。马铃薯适应性广、丰产性好、营养丰富、经济效益高，我国各个生态区域都广泛种植。马铃薯的种植区域与我国贫困地区高度重合，据统计，我国 592 个国家级贫困县中 549 个是

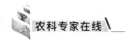

马铃薯主产县，全国马铃薯种植面积 70% 分布在贫困地区。发展马铃薯产业，不但有助于解决贫困地区群众的基本口粮，对增加贫困地区农民收入、提高扶贫产业的科技水平以及消除贫困具有重要的现实意义。

站位高！面向国家战略需求

马铃薯是我国重要的粮菜兼用作物。出口创汇和早春蔬菜市场对早熟马铃薯需求大，6 月前上市的早熟马铃薯价格是 9 月、10 月上市的晚熟马铃薯的 2~3 倍，种植效益好。

过去我国早熟品种推广面积不大，而且优质种薯缺乏，病毒病引起的退化普遍发生，霜冻、病害也严重，早熟区普遍用中熟品种替代种植，造成产量低、品质差。在早熟品种选育上，由于可用种质资源缺乏、早熟育种技术落后和无性繁殖效率较低、育种后代退化快等导致育成优良早熟品种困难，不能满足生产需求。

加油干！寒来暑往二十载

每年 3 月末马铃薯播种季节，马铃薯创新团队成员在进行种薯处理、材料分类、地块分区、开沟和播种。夏天马铃薯花开季节，团队人员在调查记录材料的生长情况。秋天马铃薯收获的季节，团队人员又进行育种材料的收获、评价和贮藏。"晴天一身汗，雨天一身泥！"是工作的常态。

他们紧紧围绕早熟优质多抗的育种目标，收集种质资源，创新育种技术，筛选和创制优异种质，聚合育成优良新品种，建立脱毒种薯繁育技术体系和集成配套栽培技术，加速新品种推广应用。

硬货多！7 个当家品种服务农业主战场

经过 23 年的努力，收集、保存并系统评价了 2 228 份种质资源，筛选出 62 份早熟、优质、多抗的突破性种质材料；首创了茎枝菌液法青枯

7个当家品种服务农业主战场

病抗性和电解质渗漏法耐寒性鉴定技术，开发了早熟、薯形和抗病等6个实用分子标记，结合标记辅助选择和常规鉴定技术，建立了高效早熟育种技术体系，创制了19份早熟优质多抗育种材料，育成了以中薯3号和中薯5号为代表的7个具有自主知识产权的国审早熟优质多抗新品种。

中薯3号：突破了早熟品种不抗旱和广适性差的局限，扩大了早熟马铃薯种植区域。中薯3号抗旱稳产，两年旱地试验结果显示0.5亩大区试验平均比国外品种费乌瑞它增产21.8%，100亩大面积示范比国外品种增产29.5%；适应性广，是目前通过审定的适宜种植区域最广的早熟品种；薯块卵圆形，浅黄色皮肉，表皮光滑，大而整齐，国家区试比对照平均增产39.9%。

中薯5号：突破了早熟品种不抗晚疫病的瓶颈，创造了早熟品种在晚疫病重发区种植先例。中薯5号品种早熟、抗晚疫病、产量高、丰产性

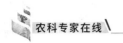
好、增产潜力大，被农业部（现为农业农村部）列为主推品种。目前已在全国 20 多省份推广，也是湖北江汉平原种植面积最大的早熟品种，2016年襄阳和随州两市种植面积 30 多万亩，占马铃薯总播面积的 62.5%。

收益大！环保增产一个都不能少

中薯 3 号和中薯 5 号目前推广了 7 498.9 万亩，2014 年至 2016 年推广 4 024.9 万亩，约占全国早熟积面积的 1/3，平均增产 15.8%，新增产值 155.95 亿元。中薯 3 号和中薯 5 号已经成为国内适应性最广、种植面积最大的 2 个自主培育早熟品种，也是近 10 个省份的主栽品种，在精准扶贫、种植业结构调整中发挥了重要作用。

早熟优质多抗系列新品种极大地丰富了我国马铃薯种质资源，创新了育种技术，改变了我国马铃薯早熟品种少、种植面积小的局面，促进了马铃薯行业科技和产业发展，产生了巨大的经济效益。抗病抗逆新品种的应用减少了肥料和农药的施用，有利于生态环境保护。

专家团队介绍

团队名称： 马铃薯遗传育种研究团队

所属单位： 中国农业科学院蔬菜花卉研究所

专家介绍： 金黎平研究员任农业农村部薯类作物生物学与遗传育种重点实验室主任；国家马铃薯产业科技创新联盟常务副理事长；农业农村部薯类专家组组长；第三届国家农作物品种审定委员会马铃薯专业委员会主任委员。长期从事马铃薯遗传与育种研究和脱毒种薯生产技术研究，主持完成了国家和部委马铃薯相关课题和项目近 20 项，常年为产业部门和地方政府提供决策咨询和技术服务，主持育成了中薯 3 号、中薯 5 号和中薯 18 号等中薯系列 21 个国审新品种，并在全国范围内大面积推广应用。

　　团队介绍： 团队长期以来致力于马铃薯种质资源发掘与利用、重要性状生物学和基因挖掘、高效育种技术和栽培技术，并积极科技服务三农，促进农民增收致富。团队首批入选组织部和农业农村部"农业科研创新团队"和中国农业科学院创新团队。

　　团队主要业绩： 团队主持和参加完成了院创新工程、产业技术体系、国家"863"计划、科技支撑、科技成果转化、行业科技、"948"重大项目、自然科学基金、农技推广和国家扶贫等项目40多项。先后荣获国家科技进步二等奖、中华农业科技一等奖、宁夏自治区科技进步一等奖、黑龙江省科技进步一等奖、农业部科技进步二等奖、贵州省科技进步二等奖和3项中国农业科学院科技成果二等奖，国家发明专利2项，发表论文140多篇。

采写：李海燕　　侯丹丹

紫心甘薯会更有营养吗

马代夫

研究员，江苏师范大学博士生导师，韩国生命工学研究院特邀研究员。现任国家甘薯产业技术体系首席科学家，农业农村部薯类专家指导组副组长，中国作物学会甘薯专业委员会主任，享受国务院特殊津贴。

　　紫心甘薯是指薯肉颜色为紫色的甘薯。"内外兼修"的紫心甘薯，浪漫的紫色加上丰富的营养，含有丰富的花青素和大量的膳食纤维，不仅能润肠通便、美容养颜，还有抗疲劳、抗衰老、补血等功效，让人欲罢不能。

　　甘薯起源于墨西哥以及从哥伦比亚、厄瓜多尔到秘鲁一带的热带美洲。据史书记载，16 世纪末叶从福建、广东传入我国。

"外在美"从何而来——花青素

　　植物叶片等器官如果富含叶绿素，会吸收紫光而呈现绿色；如果富含花青素，会吸收绿光而呈现紫色。花青素广泛存在于 27 科 72 属植物中，已鉴定出 630 多种。当甘薯薯块积累大量花青素时，她就呈现紫色，这就是人们常讲的紫薯。

　　紫心甘薯是科学家从甘薯品种资源中筛选富含紫色花青素的材料

济紫薯 1 号

作为亲本，经过杂交、复交和后代筛选鉴定而选育成功的。

紫心甘薯的神奇功效

甘薯含有较多的粗纤维和膳食纤维，丰富的维生素、黏多糖和黏蛋白等抗癌的物质基础。食用甘薯后消化排泄加快，减少有毒物质对消化系统的不良刺激，减少胃、肠等癌症的发生。

徐紫薯 8 号

胡萝卜素、黄铜和多酚类等抗氧化能力强的物质可消除人体内产生的自由基，大大降低疾病的发生率。

紫心甘薯富含花青素，除了具有普通甘薯保健功能以外，还具有清除体内氧自由基、恢复肝功能正常、恢复脑细胞损伤等许多保健作用。

因此，直接食用紫心甘薯鲜薯及其加工食品，能强身健体、预防疾病，甘薯花青素成为国内外研究的热点。

品种改良，紫心甘薯发展前景广阔

早期的紫心甘薯品种由于鲜薯产量低、口感较差，再加之其独特的保健作用未被研究和开发，所以紫心甘薯只在部分地区的甘薯生产和科研单位中存在，没有大量进入生产化、商业化阶段。

目前随着社会进步，人们更加崇尚健康，科学家更加关注农作物的保健功能研发。近年来国内外大量研究表明，紫心甘薯具有独特的保健作用，因此育种家更加重视紫甘薯的品种选育工作。

紫甘薯市场价格较高，农民愿意种植；加工产品丰富，企业乐意加

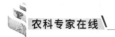

工；保健功能强，市民愿意食用。紫心甘薯种植面积逐年扩大，已成为甘薯产业的新亮点。

专家团队介绍

中国农业科学院甘薯研究所现为国家甘薯改良中心，国家甘薯产业技术研发中心。作为我国构建的50个农产品研发中心之一，其主要任务是围绕甘薯产业发展需求，协调岗位科学家和试验站站长，为国家甘薯产业发展的全产业链提供技术支撑。

甘薯产业技术体系"十二五"期间共获各级科技成果奖励85项（次），其中，省部级一等奖5项（次），出版专著15部，发表标明体系资助的论文936篇，其中SCI收录138篇；获得授权专利139件，其中国家发明专利80件；获得植物新品种授权15项，累计推广新技术3 077万亩，新品种7 982万亩，社会经济效益显著。

采写：李海燕　陈莹　侯丹丹

眼球经济，甘薯也来拼颜值

曹清河

研究员，博士。农业农村部甘薯生物学与遗传育种重点实验室副主任，中国农业科学院甘薯所品种资源研究室主任，重点实验室主任。

看到甘薯你会想到什么？桌上新鲜绿色环保的植物，你敢认吗？别不敢相信自己的眼睛，它确实是甘薯……

观赏甘薯的前世今生

21世纪初，美国北卡罗来纳州立大学的 K. Pecota 就开始观赏甘

办公室盆栽

薯的选育，并于 2004 年开始新品种释放。我国 2010 年在上海世博会会场周围道路上已经开始使用淡绿色的 sweetpotato light green 品种。中国农业科学院甘薯研究所也是从 2010 年开始收集国内外观赏甘薯资源，进行专业化研究，并配置组合进行杂交育种工作。

观赏甘薯与普通甘薯是亲戚吗？

观赏甘薯本质上是甘薯的一种类型，只是与普通结薯甘薯相比，它们的功能作用有所区别。观赏甘薯更注重地上部茎叶的观赏价值，而普通甘

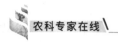
薯注重的是地下部块根的产量和品质。观赏甘薯块根的产量往往较低，地下块根基本没有食用价值。

甘薯也有春天

菜用甘薯盆栽

（1）黄金叶：观赏甘薯，引自美国。叶片、茎秆及叶脉均为黄绿色，心形叶。耐热、耐瘠薄，适应性强，病害少，生长速度快，可以很快达到人们想要的绿化效果等优点。可作为家庭园艺盆栽装点现代家居环境，也可作为园林绿化观赏植物。

（2）竹叶薯：由中国农业科学院甘薯所甘薯品种资源研究室定向杂交选育而成，因叶形似竹叶，故取名"竹叶薯"。此品种叶形深缺刻，叶裂片数 5，茎色及叶脉色均为紫色，在一定光照条件下部分叶片呈紫色。株型紧凑，尤其适于家庭或办公室盆栽观赏。

（3）徐 1402-12：由中国农业科学院甘薯所甘薯品种资源研究室经

竹叶薯

徐 1402-12

定向杂交系统选育的观赏新品系。徐 1402-12 叶形缺刻，叶裂片数 3，叶色淡紫，茎尖叶片、叶柄长度短，茎尖三节长度中，可作为园林绿化及家庭阳台观赏植物。大家看看像不像盆栽的红枫。

养盆甘薯作绿植可好？

观赏甘薯因其多样的叶形，靓丽的叶色，深受人们的喜爱。在家中种植一盆观赏甘薯，能让人们觉得高雅、清新，充满生活情趣。

观赏甘薯繁殖迅速，适应性强，耐热、抗旱、抗瘠薄，病虫害少，可做吊篮植物、攀缘植物、地被植物等。与其他观叶植物所不同的是繁殖特别容易，直接扦插极易成活，不受季节和条件限制。需要注意的是观赏甘薯需要温暖的气候条件（温度要高于 10℃）和适当水肥条件。

厉害了，菜用甘薯好看好吃两相宜

菜用甘薯是甘薯的又一类型，主要食用地上部鲜嫩的茎叶。菜用甘薯不仅营养丰富，而且还具有较高的保健价值。在国内外颇受欢迎，享有"抗癌蔬菜""长寿蔬菜""蔬菜皇后"等美誉。其因耐高温高湿、病虫害较少（很少喷洒农药），是夏季"伏缺菜"的理想选择。

甘薯叶有提高免疫力、止血、降糖、解毒、防治夜盲症、促进新陈代谢、通便利尿、升血小板、预防动脉硬化、阻止细胞癌变、催乳解毒等保健功能。甘薯是长寿保健食品被誉为"蔬菜皇后""长寿菜"，被医学界将其列入抗癌蔬菜之一。

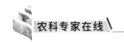

随着社会经济的发展，越来越多的人在注重养生保健的同时，也更加注意精神层面的需求。因此，培育既具有菜用价值又具有一定观赏价值的菜观两用甘薯新品种，将成为甘薯育种的又一个重要方向。

菜观两用甘薯既可以装点现代家居环境，满足人们的精神享受，还可以丰富蔬菜品种，为餐桌增加一道优质、无公害、保健价值高的叶菜类蔬菜，同时实现了农民增收和企业增效。

专家团队介绍

专家介绍： 曹清河研究员主要从事甘薯种质资源保存与创新、甘薯基因组学与分子育种工作。先后主持国家自然科学基金3项，科技部"863"子课题，农业部"948"子课题，江苏省自然科学基金等项目10余项。发表研究论文30余篇，获国家发明专利2项，新品种保护权1项，获得部（省）、市奖项4项。为江苏省"六大人才高峰"培养对象，江苏省"333"第三层次培养对象以及徐州市第五、第六批"拔尖人才"。

团队介绍： 甘薯所甘薯种质创新与基因组学创新团队，共有科技人员6人，研究员2人，副研究员2人，助研2人。主要从事甘薯资源保存、评价、创新和基因组学研究工作。目前建有国内唯一的"国家种质徐州甘薯试管苗库"。"十二五"以来，保存类型扩增到10个种，数量增加209份；共承担国家、省市课题18项，发表研究论文28篇，选育菜用甘薯新品种2个、观赏甘薯新品种1个，获得省（部）、市奖项4项，获得国家发明专利3项。

采写：李海燕　侯丹丹

秀色可餐，药食同源　九问我国首个观赏型芝麻品种"H16"

张秀荣

研究员，硕士生导师。芝麻与特色油料遗传育种创新团队首席，国家芝麻产业技术体系岗位专家。

芝麻有哪些保健功效？

芝麻（*Sesamum indicum* L.）是我国传统的重要油料作物及优质油源，其不仅含有丰富的不饱和脂肪酸、蛋白质、钙、铁等，还含有丰富的维生素 E 和芝麻素（Sesamin）、芝麻酚林（Sesamolin）、甾醇及卵磷脂等功能性成分。钙含量相当于鲜牛奶 2 倍，铁含量相当于菠菜 5 倍，锌含量相当于猪肝 1.2 倍，而芝麻素等抗氧化成分更是其特有天然抗氧化物质。《神农本草经》《抱朴子》《本草纲目》《本草从新》《本草求真》等古代药典都对芝麻的药用和保健功效有记载，自古至今都是不可多得的药食同源作物。

芝麻加工食品有 600 多种，小磨香油、芝麻酱、芝麻糊、麻糖、芝麻汤圆等深受人们喜爱。我国河南、安徽、湖北等地以及非洲一些国家还有食用芝麻叶的习惯。现代工业还逐渐开发出了芝麻花茶、芝麻饮料等新型食品。

芝麻另外一个重要用途就是在医药、化妆品上的应用了，这主要是归功于其丰富的抗氧化成分如芝麻素等，国际上对芝麻素药理作用的研究可是一大热点，提取的纯芝麻素已被用作医药或添加剂，价值不菲。细心的朋友买化妆品时不妨留意一下配料表上是否有芝麻素。

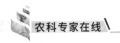

古书中的胡麻是指芝麻吗？

接触过芝麻的人可能会问，很多资料上说芝麻古称胡麻，那么芝麻与北方种植的胡麻是同一种植物吗？答案是否定的，两者在形态和分类学中属于完全不同的物种。

芝麻在克朗奎斯特（Cronquist）植物学分类系统中属唇形目（管状花目）、胡麻科、胡麻属。而甘肃、内蒙古等地种植的胡麻实际为亚麻，属于亚麻目、亚麻科、亚麻属。据北魏贾思勰《齐民要术》中记载芝麻乃：

芝麻

"张骞外国得胡麻（公元前 140 年）"。《词源》解释芝麻时说："相传汉张骞得其种于西域，故名。"

两者混淆的原因可能是张骞出使西域带回了芝麻和亚麻，因两者种子形态较相似，早期被统称为胡麻，到了宋代，沈括在《梦溪笔谈》中云："胡麻直是今之油麻（芝麻），更无他说，予已于《灵宛方》论之。其角有六棱者，有八棱者"。因而，宋代以来史书记载的胡麻应该就是专指芝麻了。

我国是芝麻的故乡吗？

尽管史载芝麻是张骞出使西域引入中国的，实际上至今芝麻的起源地并没有定论。

一种观点认为芝麻起源于非洲，另一种观点认为是印度次大陆，两者都还没有确证的科学依据。

近期的分子证据则更多的支持其起源于印度次大陆。近年来，随着考古发现，也有人认为芝麻是起源于我国的云贵高原。总之，芝麻的故乡还不确定，需要进一步研究。

观赏型芝麻 "H16" 的诞生过程，其目的是什么？

我们都知道 "芝麻开花节节高" 具有很好的寓意，很多人喜欢芝麻花，但生产上的芝麻花色单一，基本上都是白花，实际上芝麻资源中也有其他花色的，但因产量、株型不符合生产要求很少被利用。

随着我国人们生活水平的提高，除了对物质的需求增加外，人们更加重视精神的需求，为响应国家农业供给侧结构性改革，满足人们对青山绿水、生态宜居、休闲旅游等多元化需求，中国农业科学院油料所芝麻与特色油料遗传育种创新团队选育了 "H16"。

首先，广泛搜集国内外资源，使我国芝麻种质库保存的资源达 8 000 余份，并从中鉴定出紫花资源 "武宁黑"，但该材料株高较高，叶片较大，

观赏型芝麻 "H16"

花絮稀疏，因而用另一个株型较好的 "meden" 作为父本与其杂交后，经多年选育而成了我国第一个具应用价值的观赏型品种 "H16"，该品种株高矮化、株型紧凑、花序密生、花期长达 30 余天，是兼具观赏和籽用的品种，既 "秀色" 又 "可餐"。

观赏型芝麻与普通芝麻的究竟有何区别？

观赏型芝麻和普通芝麻的区别首先在于用途，普通芝麻追求的是高产、稳产，而观赏型芝麻注重体现观赏价值，比如花色鲜艳、美丽、夺目，而对产量水平没有过于苛刻的要求；其次，在品种形态上，普通芝麻

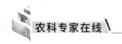

一般植株高大，多数品种株高可达 2 米以上，而观赏芝麻则要求株高中等或矮化，低于人的视线，且要整体株型美观。

观赏型芝麻能放心吃吗？

芝麻毕竟是油料作物，用于食用或油用还是它的老本行，观赏芝麻只是增加了它的观赏价值，比如改良花色、叶色、株型等。理论上其种子的营养成分不会比普通芝麻低，可以放心食用。

观赏型芝麻可以作室外绿植吗？

观赏型芝麻苗期叶色浓绿，花期节节盛开，是可以作为绿植的。芝麻属于高温短日照作物，适宜在环境温度达到 25℃以上生长，在我国大部分地区的 6—10 月是可以种植的，适宜在街道、公园、庭院及景区用于绿化和观赏。

观赏型芝麻该如何栽培？

总体上观赏型芝麻的栽培方法与普通品种没有太大的区别，一般在 5 月中旬至 6 月中旬播种较适宜，种植地块要求土壤上松下实，每亩播种量 300 克左右，3~4 对叶时每亩定苗 10 000~12 000 株。具体种植时还要根据土壤肥力、管理条件等进行调整，一般土壤肥沃的地块适当把种植密度降低一些，行株距大一些；而土壤较贫瘠的可以种植密一些。另外，为突出观赏性，在山坡地等地势起伏的地方种植效果更佳。

能用于室内摆放，改善环境吗？

芝麻属于高温短日照作物，对光照比较敏感，适宜种植在阳光充足的地方，在阴凉处开花有延迟、节间长度增加，因而不宜长时间摆放在室内，但可以种植在阳台。

采写：李海燕　陈莹

软枣猕猴桃惊艳了百姓的世界

艾 军

研究员，博士生导师。中国农业科学院特产研究所野生果树研究室主任，中国农业科学院北方特色浆果资源评价与利用科技创新团队首席科学家，国家葡萄产业技术体系左家综合试验站站长。

软枣猕猴桃（*Actinidia arguta Planch*）又名软枣子、猕猴梨、藤瓜、藤梨，商品名又为"奇异莓"，是土生土长的袖珍猕猴桃。软枣猕猴桃在我国的分布遍及南北，北至黑龙江，南至云南、广西，都有他们的身影。在朝鲜、日本及俄罗斯的远东地区，也有软枣猕猴桃的分布。野生资源主要生于针阔叶混交林或水分充足的杂木林中。

猕猴桃一样的枣或枣一样的猕猴桃？

乍一看，软枣猕猴桃与我们熟悉的大枣大小一般，模样也一般，虽然长相像枣，名字也带枣，但软枣猕猴桃可是和枣一点亲缘关系也没有，她可是猕猴桃里的一员。在分类学上，猕猴桃属分为净果组、星毛组、斑果组和糙毛组4组系统，而软枣猕猴桃属于净果组。相对地，我们熟悉的中华、美味猕猴桃都是星毛组的成员。通俗点讲，软枣猕猴桃与我们所熟悉的猕猴桃就是表兄妹。

软枣猕猴桃

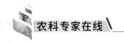

软枣猕猴桃形状不一，有的圆形，有的椭圆形，还有扁方形；果皮颜色也很多样，有的通体碧绿，有的身披紫衣，有的绿中带有红晕；果皮极为光滑，没有茸毛，只有极细微的斑点，与我们所熟悉的猕猴桃并不一样。只有一口咬开，那种独特的辐射状条纹以及猕猴桃特有的风味儿才能证明他们的猕猴桃身份。软枣猕猴桃虽然个头比较小，但是风味和口感比猕猴桃还略胜一筹，皮薄汁多，果肉细腻，甜酸适口。

软枣猕猴桃六姐弟相继诞生

作为软枣猕猴桃的原始发源地和资源最丰富的国家之一，自20世纪60年代起，我国就开始了软枣猕猴桃资源考察、收集及利用的研究。中国农业科学院特产研究所在软枣猕猴桃资源收集、品种选育和栽培技术研究领域开展了大量的研究工作，收集保存优异资源200余份。现已培育出6个品种，均选自东北三省的野生资源，堪称软枣猕猴桃界的六姐弟。

"魁绿"：皮肤光滑，外形端庄、大气，果肉细腻多汁，香味浓郁，"魁"字当之无愧。

"丰绿"：从名字即可得知，她最大的特点就是丰产，且连年稳产，果实虽小，但香气浓郁，既可鲜食又可加工。

"佳绿"：果实长柱形，硕大魁梧的外表里包着香甜细腻的果肉，外皮极易剥落，果肉不被粘连，晶莹剔透的果肉可满足视觉与味觉的双享受。

"苹绿"：皮肤光滑细腻，丰盈圆润，犹如一个绿宝石般的青苹果。

"馨绿"：果实光滑如玉，身材小巧，呈卵圆形，好看又美味，堪称猕猴桃里的俏佳人。

"绿王"：是我国唯一的雄性品种，花粉量大，花粉萌发力强，授粉效果好。

其中，'魁绿'和'丰绿'选自1993年，是我国最早的2个软枣猕

软枣猕猴桃品种"魁绿"

软枣猕猴桃品种"丰绿"

软枣猕猴桃品种"佳绿"

软枣猕猴桃品种"苹绿"

软枣猕猴桃品种"馨绿"

软枣猕猴桃品种"绿王"

猴桃品种,'佳绿''苹绿''绿王'和'馨绿'是2014—2016年选育而成,'绿王'是当今我国第一个软枣猕猴桃授粉树品种。

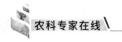

超级水果，营养担当

软枣猕猴桃之所以深受消费者喜爱，除了口感上的甜爽外，其营养价值也深受营养学家的推崇。软枣猕猴桃维生素 C 的含量是橙子的 2 倍，苹果的 25 倍。膳食纤维含量是香蕉的 2 倍、橙子的 4 倍，叶酸、维生素 E 和维生素 K 含量也很丰富，此外还含有叶黄素、黄体素、酚类物质、天然肌醇以及磷、钙、铁、锌等矿物质。

软枣猕猴桃不仅营养丰富，而且具有较高的保健功效，如抗辐射、抗衰老、降低胆固醇、防止血管硬化、促进心脏健康，而且可以帮助消化、防止便秘、提高免疫力等，是非常理想的绿色食品。

果实 7 天软、10 天烂？ "软枣猕猴桃"请保重！

新西兰等西方国家引种栽培，并且在一些区域实现了商品化栽培，现已成为国外水果市场的新贵。目前我国软枣猕猴桃产业发展处于起步阶段，主要原因是研究开发的历史相对较短，优良品种数量与大宗果树相比相对较少，而皮薄、不耐储运、后熟迅速、货架期短才是其最大的软肋。

冷藏条件下，软枣猕猴桃可存放 30~50 天，室温条件下 2~3 天即可变软，当然，软枣猕猴桃只有变软了才能吃。近年来，随着物流产业的发展、包装技术的改进，使得越来越多的娇气水果如蓝莓、草莓、樱桃等相继走上了我们的餐桌，软枣猕猴桃也不甘落后，以其较高的营养价值和独特的风味定会赢得消费者青睐。随着贮藏保鲜技术和规范化的冷链运输物流体系的不断完善，软枣猕猴桃势必会在水果市场上占据一席之地。

专家团队介绍

团队名称：北方特色浆果资源评价与利用科技创新团队

专家介绍：艾军研究员长期从事山葡萄、五味子、软枣猕猴桃等北方特色浆果的资源评价与利用研究工作，在山葡萄、五味子、软枣猕猴桃种质资源逆境胁迫抗性评价、离体保存方法研究、品种选育、栽培生理研究等领域取得了丰硕的成果。主持农业农村部"作物种质资源保护和利用项目—山葡萄种质资源收集、编目与利用"、科技部"国家山葡萄种质资源子平台运行服务"等项目20余项。获得科研成果20余项，其中获奖成果10项，中国农业科学院科学技术成果奖一等奖1项（第1完成人）、吉林省科技进步三等奖2项（第1、第4完成人）。发表学术论文113篇，主编著作6部，获国家发明专利2项，选育五味子、软枣猕猴桃新品种6个。

团队介绍：以我国北方地区的抗寒特色果树为研究对象，开展资源的收集、保存、评价及高效利用等方面的研究工作。研究的果树种类涉及11科21属53个种，主要包括浆果类（山葡萄、五味子、软枣猕猴桃、树莓等）、仁果类（山楂、秋子梨、小苹果等）、核果类（抗寒桃、李子等）及坚果类（榛子、核桃等）。共承担国家及省部级相关科研课题150余项，获得各类科研成果50多项，其中国家及省部级获奖成果22项。选育山葡萄、软枣猕猴桃、五味子等果树品种31个。建有"国家果树种质山葡萄圃"及山楂、软枣猕猴桃、五味子资源圃等，收集各类资源800余份，以第一完成单位发表学术论文520余篇，获得授权发明专利8项，出版著作11部。

采写：李海燕　侯丹丹

红艳无核问世，作为优良品系的它不止无核

刘崇怀

研究员。中国农业科学院郑州果树研究所副所长，中国农学会葡萄分会副会长，国家葡萄产业技术体系育种研究室主任，中国农业科学院科技创新工程葡萄资源与育种团队首席。

近日，中国农业科学院郑州果树研究所葡萄资源课题组选育的葡萄新品种红艳无核获河南省林木品种审定。俗话说吃葡萄不吐葡萄皮，无核葡萄诞生后，连核都不用吐了！

"无核"是如何实现的？

天然单性结实是指在自然条件下子房不经过授粉受精而发育成果实。刺激性单性结实是指子房在花粉、外界环境条件或外源生长调节剂的刺激下不经过受精而发育成无籽果实的现象。假单性结实又称种子败育型，是指经过传粉受精，但由于各种原因，胚只稍稍发育就转向败育，而子房等部分可继续发育，从而形成无籽果实的现象。

无核葡萄果实通常没有种子，或者只有少量败育种子。根据授粉结实类型，无核葡萄可分为天然单性结实、刺激性单性结实和假单性结实（种子败育）3 类。红艳无核就属于最后一种类型——假单性结实。

红艳无核新品种源于 2009 年，郑州果树研究所使用'红地球'为母本，'森田尼无核'为父本配制杂交组合，获得杂种群体。2012 年，杂种实生苗陆续结果，单株 S-49-1-6 表现为童期短、结果早、颜色鲜艳、无核、大穗、品质优，中熟，选为优系。2013 年复选为优良单株，并在多地区域试验。

红艳无核 有哪些过人之处？

在郑州地区 8 月中旬果实充分成熟。

果穗：呈圆锥形，平均穗重 1 200 克，果粒成熟一致，果粒着生中等紧密；

果粒：呈椭圆形，深红色，平均粒重 4 克，最大粒重 6 克；

特性：果粒与果柄难分离，耐贮运。果肉脆，有清香味。无核，不裂果，可溶性固形物含量约为 20.4%以上，品质优；

生长势中等偏强，花芽分化容易，结果率高，易丰产，花果管理简单。

红艳无核

红艳无核对生长环境有何要求？

红艳无核土壤适应性广，从沙性土到黏壤土均可栽培；抗病性中等偏弱，叶片易感染霜霉病，所以适合在我国冬季温暖、夏季降水量少的干旱、半干旱气候条件下种植。以黄河为界，黄河以南需要避雨栽培，黄河以北可以露地栽培。

红艳无核

掌握栽培方式，红艳无核甜美可人！

红艳无核生长量较大，宜采用宽行希植的栽培方式，棚架和篱架均可栽培。不埋土地区最好采用高主干、长主蔓树形，埋土防寒地区宜采用倾斜式单干单臂树形，以中梢修剪为主。还需注意，对果实套袋可以保持果粉完整和颜色鲜艳。在病害防治方面要重视葡萄霜霉病的防治。

红艳无核何时出现寻常百姓家？

红艳无核的配套栽培技术已经成熟，并在生产中开始推广应用，预计未来 3~5 年可以大规模推广发展，届时红艳无核就会出现在老百姓的餐桌上。

该品种的推广不仅会增加葡萄品种的花色类型，也会逐步成为我国的主栽无核葡萄品种之一。

专家团队介绍

团队名称：葡萄资源与育种创新团队

所属单位：中国农业科学院科技创新工程

专家介绍：从事葡萄遗传资源的研究，主持（或承担）国家自然基金面上项目、国家重点科技项目、国家科技攻关项目、国家科技支撑项目、农业行业公益性科研专项等20余项，获得省部级奖5项。在《Plant Physiology》《Molecular Breeding》《Tree Genetics & Genomes》《中国农业科学》等期刊发表论文210余篇，主编或参编科技书籍25部，授权专利6项，制定农业行业标准8项，选育葡萄新品种12个，获得授权软件著作权1项、省部级奖5项，培养研究生21人。

团队主要业绩：团队现有成员8人。主要开展葡萄种质资收集、保存、鉴定评价与利用，葡萄重要农艺性状分子遗传机理，葡萄种质创新与新品种培育等方面的研究。建成了世界上资源最丰富的葡萄种质圃之一，发掘出一批优异种质，培育出不同香味、质地和成熟期鲜食品种10多个，满足了葡萄产业对品种的多样化需求，为我国葡萄产业发展做出了重要贡献。

采写：李海燕　陈莹

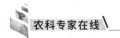

科学家破解双色百合分子密码

明 军

研究员，博士生导师。先后任中国农业科学院蔬菜花卉研究所学术委员会，学位委员会委员，中国园艺学会球宿根花卉分会副会长，中国农业科学院研究生院园艺教研室副主任。

百合为何叫百合？与李时珍说的"百合病"又有什么关联？是谁破解了双色百合的分子密码？这个520，送亲朋百合时别忘了告诉她一个不一样的百合！

百合是一种从古到今都受人喜爱的世界名花。百合通常是指百合属的所有种的总称，英文对应的百合词为Lily。

关于百合名称的起源，在宋代罗愿的《尔雅翼》中曾做出解释："数十片相累，状如白莲花，故名百合，言百片合成也。"明代著名中医药学家李时珍对百合的名称来源解释为："百合之根，以众瓣合成也。或云专治百合病故名，亦通。"实际上"百合"名称最早为一种疾病名称——"百合病"，在《金匮要略》中有详细介绍解释，基本上对应现代的神经衰弱。而这种植物的地下鳞茎专治这种疾病。

球根花卉之王

百合花是世界四大鲜切花之一，

百合根

其花香浓郁、花型、花色品种丰富，切花装饰精美，艺术内涵丰富，早已成为花卉园艺领域中的佼佼者，通常作为焦点花，素有"球根花卉之王"之美名。其鳞茎所特有的食用和药用价值，更无其他球根花卉可与之相比。

百合的食用和药用价值

百合的鳞茎富含微量矿质元素、维生素和多糖等营养成分以及甾体皂苷、黄酮类化合物和生物碱等活性物质，具有极高的食用和药用价值。在《中国国家药典》中载明的功能与主治是养阴润肺，清心安神。用于阴虚燥咳，劳嗽咯血，虚烦惊悸，失眠多梦，精神恍惚。

（1）润肺止咳：甘凉清润，主入肺心，长于清肺润燥止咳，清心安神定惊，治肺阴虚的燥热咳嗽，肺虚久咳、痰中带血、劳嗽咯血等，为肺燥咳嗽、虚烦不安所常用。

（2）宁心安神：百合入心经，性微寒，能清心除烦，宁心安神，用于热病后余热未消、神思恍惚、失眠多梦、心情抑郁、喜悲伤欲哭等病症。

（3）美容养颜：百合洁白娇艳，鲜品富含黏液质及维生素，对皮肤细胞新陈代谢有益，常食百合，有一定美容作用。

（4）防癌抗癌：百合含多种生物碱，对白细胞减少症有预防作用，能升高血细胞，对化疗及放射性治疗后细胞减少症有治疗作用。百合多糖在体内还能促进和增强单核细胞系统和吞噬功能，提高机体的体液免疫能力，因此，百合对多种癌症均有较好的防治效果。

据考证，百合在中国作为药用植物已有 3 000 多年历史，作为蔬菜食用也已有 2 000 多年历史。

生活中常见的百合做法有西芹百合、南瓜蒸百合、百合莲子羹和百合鸡子汤等，这些佳肴色香味俱佳，食之别有一番风味。

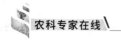

食用百合鳞茎的注意事项：

(1) 在选购鲜百合时，应挑选个大、瓣匀、肉质厚、色泽自然，未熏过硫的新鲜百合；百合干宜选择干燥、无杂质、肉厚者、晶莹透明，没有明显硫黄气味的干片。

(2) 不是所有百合鳞茎都可以食用，鲜百合含有多种生物碱，故儿童和孕妇不宜生吃，需用沸水捞过或微蒸或焙干。

(3) 百合鳞茎变红是正常的花青素苷显色，不影响食用。

双色百合形成的分子机理被揭开

双色百合花是指在同一片花被片上显现两种不同花色的百合花，与单色花相比具有更丰富的花色及奇特的色彩变化，观赏价值更高。在百合中，由于花青素苷在花被片上特定区域积累所形成的双色花是最常见的双色百合花。其形成的机理简单来讲，就是花青素苷合成基因在花被片特定区域特异表达，进而导致花青素苷特异地积累于花被片特定区域。

中国农业科学院蔬菜花卉研究所百合课题组运用代谢组学、比较转录组学和分子生物学相结合的手段，对双色百合花形成的分子机理进行了研究。双色百合花的紫色部位的成色物质主要成分为矢车菊素 -3- 芸香糖苷。表达谱分析表明，花青素苷合成基因在花被片下部特异协同表达导致花青素苷特异地积累于花被片下部，而在花被片上部不表达。百合花被片中叶绿素含量逐渐下降的原因是随着花被片的发育，叶绿素合成相关结构基因在花被片上下部的表达量均逐渐下降，而叶绿素降解相关结构基因的表达量迅速上升。通过权重共表达网络分析（WGCNA 分析），参与调控百合花被片中花青素苷合成通路以及叶绿素代谢通路的候选转录因子也得以鉴定。

双色百合花形成的关键分子机理的揭示将为花色的人工调控及分子改良提供理论依据。相关研究成果近期在线发表于国际知名期刊《Frontiers in Plant Science》上。

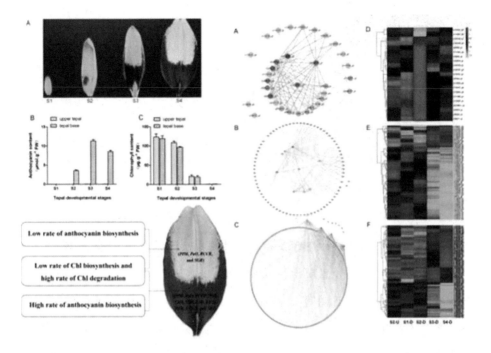

双色百合花形成的关键分子机理

双色百合栽培注意事项

双色百合是欧洲园艺工作者通过多年杂交育种,精心培养出来的一系列优良百合品种。适宜种植于排水性良好的微酸性土壤中。喜夏季凉爽,忌干旱忌酷暑涝渍。繁殖方法主要有分球繁殖、鳞片扦插、播种繁殖、珠芽繁殖和组织培养等方法。

双色百合

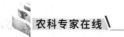

专家团队介绍

团队名称：百合课题组

所属单位：中国农业科学院蔬菜花卉研究所

团队主要成员：明军，袁素霞，刘春

团队主要研究内容

1. 百合种质资源收集评价与遗传育种。

2. 百合花色、抗逆等重要观赏农艺性状分子形成机理及应用研究。

3. 百合脱毒原种快速繁殖生产、病虫害防治及高效生产体系建立。

4. 百合重要营养和生理活性成分代谢机理及加工利用。

团队主要业绩：已培育百合新品种13个，其中，已获国家新品种授权品种2个，通过云南省和江苏省优良新品种鉴（认）定品种3个；申请国家发明专利12项，其中已授权6项，发表学术论文100余篇；部颁标准1项；建立了国内最大的百合种质资源收集保存圃（库）及资源共享系统，建立了百合病毒检测及脱毒原种生产技术体系，并获得第七届中国花卉博览会科技成果技术类金奖1项。获得了基于RNAi双抗百合CMV和LMoV病毒转基因植株，建立了中国百合致病菌菌种库及分子鉴定体系平台。在国际上率先开发并应用百合SSR标记，初步建立了百合杂交与分子育种体系，构建了百合花色和器官发育与遗传、营养与生理活性成分代谢机理及加工利用研究平台。

采写：李海燕　陈莹

"双面"烟草，天使与恶魔并存的植物

张忠锋

研究员。中国农业科学院烟草研究所副所长，烟草功能成分与综合利用科研团队首席科学家。烟草行业病虫害监测与治理重点实验室主任，国家烟草专卖局科技委委员。

烟草危害来自于燃烧时所产生多种有害成分，其中如多环芳烃的苯并芘、苯并蒽等有致癌作用，香烟烟雾中的促癌物有氰化物、邻甲酚、苯酚等。吸烟时，香烟烟雾大部分吸入肺部，小部分与唾液一起进入消化道。烟中有害物质部分停留在肺部，部分进入血液循环，流向全身。在致癌物和促癌物协同作用下，损伤正常细胞，可形成癌症。

青少年对环境中有害因素的抵抗力弱，香烟烟雾中的有害物质微粒容易达到细支气管和肺泡，毒物容易被吸收，人体组织受损害较严重。

千百年来，烟草都是一种药用植物

烟草是一种富含多种有益活性成分的药用植物资源，在保健、医药、生物农药等方面有着重要价值。我国历代本草和中医药文献均对烟草的药用价值有所论述，据史料记载，烟草具有祛风除湿，行气止痛，开窍醒神，活血消肿，解毒杀虫的功效。

国内外大量现代烟草化学文献已经证明了烟草中含有丰富的有益生物活性物质，烟草是最丰富的植物茄尼醇（1%~4%）资源。

茄尼醇的医药价值与生理功能：茄尼醇是由 9 个类异戊二烯单元组成

烤焖叶片　　　　白肋烟叶片

番茄果实　　　　马铃薯块茎

茄子果实　　　　辣椒果实

的非环式萜醇，主要存在于烟草、番茄、马铃薯、茄子和辣椒等茄科作物中，但在烟草中含量最高。茄尼醇具有抗菌、抗肿瘤、抗炎和抗溃疡等的生物活性，是合成辅酶 Q_{10}、维生素 K_2 和抗癌增效剂 SDB 等泛醌类药物的关键中间体。在植物体内，茄尼醇在植物应对病原菌侵染和适度高温等环境因子变化中发挥关键作用。

目前，已知的烟叶中的其他主要有益成分：烟草叶片绿原酸（0.2%~5.4%）含量与金银花相当；烟草芸香苷（芦丁，最高达 2%）含量与苦荞主要功能成分相当；烟叶蛋白无论从产量和营养价值上在植物中都居于首位；烟草种籽味香，不含烟碱，不饱和脂肪酸含量达 90%，还含有较高的角鲨烯、甾醇等活性成分，烟籽中还含有丰富的蛋白质、氨基酸等。

烟草有益健康的一面

烟草种子油：烟草种子油亚油酸含量是橄榄油的 10 倍，总不饱和脂肪酸含量可与核桃、葡萄籽、亚麻籽媲美，植物甾醇含量高于玉米油。通过评价，烟草种子油是优异的植物油资源，适合心血管疾病人群食用。

烟草绿原酸：烟草绿原酸具有广泛的生物活性，现代科学对绿原酸生物活性的研究已深入食品、保健、医药和日用化工等多个领域。绿原酸是

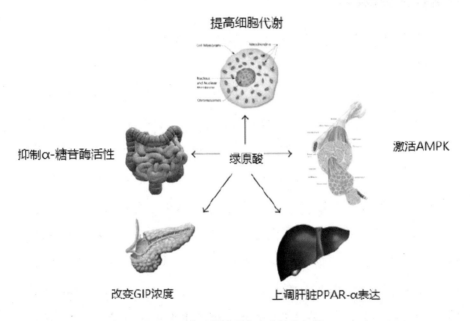

绿原酸调节糖脂代谢的可能机制

一种重要的生物活性物质，具有抗菌、抗病毒、增高白血球、保肝利胆、抗肿瘤、降血压、降血脂、清除自由基和兴奋中枢神经作用。

烟草芸香苷：烟草芸香苷是一种广泛存在于植物体内的黄酮醇配糖体，具有使人体维持毛细管正常抵抗力和防止动脉硬化等功能，在医药上一直作为治疗心血管系统等疾病的辅助药物和营养增补剂。由

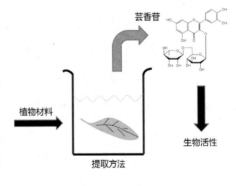

芸香苷的研究思路

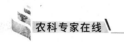
于它对人体没有毒性，因此在食品工业上作为抗氧化剂和天然食用黄色素使用。

专家团队介绍

团队名称：烟草功能成分与综合利用创新团队

所属单位：中国农业科学院科技创新工程试点团队

专家介绍：张忠锋研究员长期致力于烟草化学研究及烟草农业新技术综合评价与开发应用研究。主持农业农村部、国家烟草专卖局科研项目15项，获国家科技进步三等奖1项，省部级科技进步一等奖1项，二等奖2项，三等奖2项，山东省烟草专卖局特等奖、一等奖、二等奖各1项；合著科技著作5部，公开发表论文20余篇，其中4篇获中国烟草学会优秀论文二、三等奖，已培养研究生18名，在读7名。先后被评为全国烟草标准化先进个人，中国农业科学院文明职工、优秀共产党员、先进科技管理工作者，青岛市优秀共产党员，潍坊市、青岛市直机关优秀共产党员；荣获山东省"富民兴鲁"劳动奖章和首届潍坊市青年创新、创效（个人）奖。

团队主要业绩：目前团队科研人员19人，其中科研骨干7人，助理8人，博士后3人，引进海外高层次人才1人，博士9人，硕士10人。团队年度在读研究生15~20人，年度毕业生4~5人。近3年，团队以第一或通讯作者共发表中文核心期刊论文50篇，SCI论文15篇，授权国家发明专利4项，主编著作1部，获省部级成果1项。本研究团队是国内第一个以挖掘利用烟草营养、保健、医药及植物源农药等功能，实现烟草多用途综合利用为主要研究方向的科研团队。

采写：李海燕　陈莹

颠覆传统，植物长在工厂里

杨其长

研究员，博士生导师。中国农业科学院农业环境与可持续发展研究所设施植物环境工程创新团队首席科学家，中国农业科学院学术委员会委员。国家"863"计划项目"智能化植物工厂生产技术研究"首席科学家。

惊呆了，工厂里生产新鲜蔬菜！

一层层、一排排绿油油的蔬菜作物在灯管下整齐茁壮生长，这就是人们看到智能化植物工厂后的第一印象。智能化植物工厂是一种通过设施内高精度环境控制，实现蔬菜等农作物

人工光植物工厂

周年连续生产的高效农业系统，利用计算机对植物生育的温度、湿度、光照、CO_2浓度以及营养液等环境条件进行自动控制，使设施内植物生育不受或很少受自然条件制约的一种现代农业生产方式。

利用工厂化生产的理念进行蔬菜等作物的立体化、机械化、自动化生产，智能化植物工厂可实现作物的无农药残留、无重金属污染，并且可就近运输、新鲜安全。

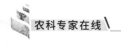

温室里的蔬菜？不，是工厂里的！

人工光智能化植物工厂与温室完全是两个不同的生产系统。温室一般包括连栋温室、节能型日光温室，和塑料大棚一样都具有透明覆盖材料，主要利用太阳光进行作物生产。而人工光智能化植物工厂一般具有保温隔热的外围护材料，是不透明的，这是与温室、大棚外观形式上的最大不同。另外，智能化植物工厂对环境控制的精确度也显著高于温室，它可以提供更精确、更适宜作物生长的各种环境因子。

不靠太阳，光合作用怎样实现？

北京—国家农业科技展示园—LED 植物工厂

北京—植物工厂 LED 节能应用技术

"万物生长靠太阳"，光不仅是植物进行光合作用等基本生理活动的能量源，而且也是花芽分化、开花结果等形态建成的动力源，光照条件的好坏还直接影响植物的产量和品质。在人工光智能化植物工厂中，太阳光难以进入完全密闭的环境，植物的光合作用主要依赖于人工光源。

当前智能化植物工厂所使用的人工光源主要是荧光灯和发

光 二 极 管 (Light-Emitting Diode,
LED)。LED 能够发出植物生长所需
要的单色光（如波峰为 450 纳米的
蓝光、波峰为 660 纳米的红光等），
光谱域宽仅为 ±20 纳米，而且红、
蓝光 LED 组合后，还能形成与植
物光合作用与形态建成基本吻合的
光谱。

吉林长春—LED 植物育苗工厂

与普通荧光灯等相比，LED 主要具有节能、环保、寿命长、单色光并可组合、冷光源等优势，被认为是人工光智能化植物工厂的理想光源。

科技进步，营养留步！

智能化植物工厂一般采用立体多层的营养液栽培方式，脱离了土壤和太阳的限制。营养液中包含植物所需的各种大量元素和微量元素，而人工光源中也包含植物光合作用所需的各种光质组合，所以不会造成蔬菜品质的降低。

另外，通过营养液和光源调控措施，还可以提高智能化植物工厂所产蔬菜的品质。

虫害再见，无菌生产拒绝农药！

由于智能化植物工厂是在完全环境控制的条件下进行生产，所产出的蔬菜产品不仅具有外观整洁、一致性好、无污染和营养品质高等优点，而且还由于密闭、洁净的生产环境，微生物污染和病虫害很少发生，无须使用农药，不用担心农药污染。

另外，还由于全部采用营养液栽培方式，严格控制肥料质量及水质管理，也不会出现土壤栽培的重金属污染。因此，可以肯定的是智能化植物

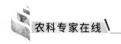

工厂生产的蔬菜是无公害的、可鲜食的、安全程度很高的农产品。

去哪里买到你,工厂里的蔬菜?

蔬菜是当前人工光智能化植物工厂的主要栽培作物,而又以植株较矮的叶菜,如生菜、小油菜、芹菜、油麦菜、菠菜等为主体。

目前,我国的智能化植物工厂正处于迅速发展阶段,北京(如当代商城等实体体验店、每日优鲜等线上电商)、上海、广东、浙江、陕西等省市都已规模化生产并推向市场。

智能化植物工厂,敢问路在何方?

近年来随着节能与新能源利用、蔬菜品质调控、新型传感器与智能控制以及物联网等新技术在智能化植物工厂的广泛应用,智能化植物工厂正在向节能、高效和智能化方向拓展。

在具体应用领域方面,除当前一些农业企业和都市环境下应用外,智能化植物工厂技术今后在家庭、办公室、楼顶、地下室、岛礁、高原地区等非可耕地环境下进一步推广应用。随着参与企业越来越多,我国的智能化植物工厂今后也会向中东国家和欧美等发达国家进行国际化推广应用。

在家做菜农,种菜自己吃

家庭微型智能化植物工厂可以实现人们在家生产洁净安全蔬菜的愿望。自 2010 年中国农业科学院环发所在上海世博会展出家庭智能化植物工厂以来,已有北京、广东、上海等多省市、多家企业进行了大、中、小等多种形式的家庭智能化植物工厂研发和销售。

家庭智能化植物工厂具有体积小、方便移动的优势,可满足家庭、办公室、商场等环境下的洁净蔬菜生产。

专家团队介绍

团队名称：设施植物环境工程创新团队

所属单位：中国农业科学院农业环境与可持续发展研究所

专家介绍：主要研究领域为设施园艺环境工程。在智能 LED 植物工厂与温室节能工程等方面取得了多项开创性成果。先后发表论文 200 余篇，主编著作 7 部，授权专利 100 余件，获国家科技进步二等奖 2 项（第 1）、中国专利金奖 1 项（第 1）以及其他各类科技成果奖励 13 项，并荣获国家有突出贡献中青年专家、国务院政府特殊津贴专家、百千万人才国家级人选、全国农业科研杰出人才、全国农业先进个人等荣誉称号。

团队主要业绩：以智能 LED 植物工厂节能高效生产技术与装备、设施植物与环境互作生物学规律、温室微气候环境动力学过程模拟及节能调控等为重点研究方向。先后荣获国家科技进步二等奖 2 项（2009、2017）、中国专利金奖 1 项（2011）、全军农副业技术推广特等奖 1 项（2011）、农业部与北京市等省部级科技成果奖 8 项，发表论文 280 余篇（其中，SCI、EI87 篇），出版专著 9 部，获授权专利 110 余件（发明专利 16 件）。团队在智能 LED 植物工厂节能高效生产技术与装备、温室热能蓄积与释放调控、设施环境系统数字化模拟等方面取得多项原始创新与突破。

采写：李海燕　侯丹丹

植物免疫诱导剂"阿泰灵",蛋白质也能让植物不生病

邱德文

研究员,博士生导师。中国农业科学院植物保护研究所副所长,中国蛋白质生物农药首席科学家。现任中国植物保护学会常务理事及生物防治专业委员会主任委员。

在自然界中,植物经常会受到各种病菌的侵染而发病,但是植物并没有因此灭绝,这表明植物与人类和动物一样,具有免疫功能。植物免疫诱抗剂又称植物疫苗,是继人疫苗、动物疫苗后,疫苗工程技术的新领域,是科学家在揭示植物与病虫害及生物农药三者关系的理论基础,科学控制病虫害的新实践。

农药使用量零增长?梦想照进现实!

在传统认识中,作物生长阶段有虫杀虫有病治病。然而近年来,由于大量不规范、不科学地使用化学农药所带来的生态问题也日益突出。由此,生物农药作为防控植物病虫害的一种有效手段,以其低毒、低残留、不易产生抗药性、对环境友好等优势而备受关注。

诱导植物免疫,提高植物抗性是近年来快速发展起来的一项新兴技术。植物免疫诱导剂在作物生长期间把目光从虫害转移到植物本身,增强植物自身抗性,减轻病害发生,降低农药使用量,因此被形象地称为"植物疫苗"。植物免疫诱导剂的有效利用是实现 2020 年我国农药使用量零增长战略目标的有效措施。

改变植保方式，"阿泰灵"植物健康的灵丹妙药！

　　"阿泰灵"是 3% 极细链格孢激活蛋白与 3% 氨基寡糖素经科学配伍制成的复合制剂。

　　极细链格孢激活蛋白是一种新型蛋白质农药，接触到植物表面后，可以激活植物抗性系统，提高自身的抗病能力，修复植株损伤，起到抗病防虫作用。链蛋白对病毒病防治效果优异，对细菌、真菌性病害也有很好的防治效果。氨基寡糖素有助于受害植株的恢复，促根壮苗，增强作物抗性，促进生长发育。

　　"阿泰灵"还含有丰富的碳、氮等营养物质，可以被微生物分解利用并作为养分，改善作物品质，刺激作物生长，达到增产增收的效果。

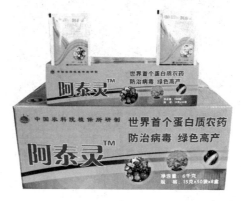

阿泰灵

阿泰灵

抗病？增产？华丽转身，阿泰灵走出实验室！

　　阿泰灵在烟草、番茄、水稻、辣椒、柑橘、茶叶和草莓等作物上应用 720 万亩，对病毒病、立枯病、软腐病、霜霉病、灰霉病和叶斑病等病害控制效果可达 65%，提高产量 15% 以上，产品品质提高，商品性能好，经济效益高，得到广大用户的认可。

　　近 2 年累计生产销售阿泰灵 250 吨，产生直接经济效益（利税）2 762.76 万元，在全国 28 个省区的企业和农户推广应用，累计应用面积720 万亩，间接经济效益 2.13 亿元，粮食增产 16.56 万吨，农民增收节

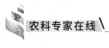

病株（左）使用阿泰灵两次后（右）

试验组（左）对照组（右）

试验组（左）对照组（右）

支 28 585.33 万元，取得了良好的经济效益和社会效益。

适用作物：蔬菜、瓜果、烟草、玉米、水稻、小麦、果树、花卉、药材等。

使用技术：可用于拌种、浸种、浇根和叶面喷施。用于浸种，稀释 800~1 000 倍，浸种 6 小时，阴干后播种。用于灌根，在病毒病害发生前或发生初期，稀释 1 000~1 500 倍，7~10 天灌根 1 次，连续 2~3 次。用于喷雾，在病害发生前或发生初期，用阿泰灵 15 克，对水 10~15 千克，叶面喷施，连续 2~3 次。

植物免疫诱抗剂改变了传统农药的使用观念，符合植保"预防为主、综合防治"的方针，植物免疫诱抗剂有着巨大的发展潜力和市场前景。

专家团队介绍

团队名称： 生物防治研究室蛋白质农药研究组

所属单位： 中国农业科学院植物保护研究所

专家介绍： 邱德文研究员在植物免疫领域具有重要影响力，开发了一系列植物免疫诱导剂。1995 年以来，先后在美国康奈尔大学和 EDEN 生物科学公司从事原核细菌蛋白质 Harpin 和植物与微生物互作机理的研究，并获得 5 项美国专利，2001 年获美国国家环境保护委员会授予总统杯绿色化学挑战者称号。2002 年入选中国农业科学院药物工程微生物学科一级岗位杰出人才，从事蛋白质生物农药的研究工作，先后承担和参加了国家"973""863"、国家自然科学基金、国际合作项目和农业农村部行业专项等项目课题，有关研究已申报和获国家发明专利 5 项，发表论文 50 余篇，出版专著两部。

团队介绍： 目前已从稻瘟菌、链格孢菌、灰霉菌、轮枝菌等多种病原真菌中分离纯化了多种蛋白激发子，克隆了多个蛋白激发子基因，并进行了基因的原核和真核表达研究，还通过圆二色谱、核磁共振、小角散射、X-射线衍射、同源建模等技术和手段解析了蛋白质晶体结构，获得了激活蛋白 PeaT1 完整的二聚体结构模型。目前，该团队所研究的真菌源激发子"3% 极细链格孢激活蛋白可湿性粉剂"已获得农业农村部农药正式登记证。

采写：李海燕　侯丹丹

许你三生三世，培育最美桃花

王力荣

研究员，博士生导师。中国农业科学院郑州果树研究所研究员。中国农业科学院创新工程桃种质资源与遗传育种创新团队首席科学家，农业科技杰出人才。

"桃之夭夭，灼灼其华"，春日里初生的桃花似少女般美丽含羞。春风袭人，桃花盛开，粉心香蕊，蜂吻蝶流连。酝酿了一个冬天的热情，跟我一起赴一场桃花的约会。

桃花，乃蔷薇科桃亚属植物桃树之花，通常花瓣五片，为单瓣花，春天盛开，桃花开时桃叶尚未长出。桃花莫如牡丹华丽高贵，莫如梅花笑傲寒雪，莫如荷花冰清玉洁，亦莫如菊花孤芳自赏，却入亿万人家，古往今来备受世人喜爱。

花期长　耐寒强

观赏桃花随着社会经济文化的发展其价值日益显现。中国农业科学院郑州果树研究所桃种质资源与育种团队，多年来潜心桃树研究，通过花芽分化、需冷量、需热量、抗寒性等深入系统研究，选择利用了低需冷量、低需热量、抗寒性强于一体的"白花山碧桃"为亲本，培育的"探春""迎春""报春""元春""银春""惜春"等春字系列品种，南北适应性强，花期早，成花容易。

这些品种使得我国主要观赏桃花品种的需冷量由 850~1 200 小时，降低至 400~800 小时，降低 50%~100%，实现广东等亚热带地区桃花栽培春节上市，品种适宜栽培区南移 600~800 千米；实现中部黄河流域花期提早 20 天以上，品种搭配花期近 50 天；实现北方寒冷地区观赏桃花自然越冬，品种适栽区北移至少 500 千米。

（1）探春：一探春来早　红粉更妖娆

需冷量短，开花早。

花色：粉红，花香四溢。

郑州始花期：3 月上旬。

适栽范围：除海南外的全国各地，广州地区春节期间开花。

需冷量：400 小时。

树形：直立形。

探春

（2）迎春：迎春怒放　更爱粉妆

需冷量短，开花早。

花色：粉红。

郑州始花期：3 月中旬。

适载范围：除海南外的全国各地，广州地区春节期间开花。

需冷量：450 小时。

树形：半开张形。

迎春

（3）元春：烟花烂漫时　活泼有红颜

需冷量中短，花期 3 月中下旬。

元春

花色：红。

郑州始花期：3月下旬。

适载范围：除海南外的全国各地，广州地区春节期间开花。

需冷量：650小时。

报春

惜春

银春

树形：开张形。

（4）报春：怕君不识春　权作报春人

需冷量中短，3月中下旬开放。

花色：粉红。

始花期：3月中下旬。

适载范围：除海南外的全国各地。

需冷量：600小时。

树形：开张形。

（5）惜春：芳菲错过　难觅春归

需冷量长，属极晚花品种。

花色：浅红。

始花期：4月中下旬。

适载范围：长江以北地区。

需冷量：1 200小时。

（6）银春：三月姑娘爱银妆

需冷量短，属于早中花品种。

花色：白色。

始花期：3月下旬。

适载范围：除海南外的全国大

部分地区。

需冷量：450 小时。

树形多变　花型妖娆

通过深度发掘我国桃地方品种资源，研究树形、花形、花色的遗传倾向，经过多代杂交，研究团队培育出一批特异品种。

按照树形分，有龙柱形、垂枝形，开张形、矮化形；按照花色分有红

"满天红"场景

洒红龙柱

满天红

色、粉色、白色和洒红等；按照花型分有蔷薇形、铃形和菊花形。

"洒红龙柱"如身体修长、婀娜多姿的少女；"粉垂菊"如垂空的水幕落九天；开张形的"满天红"热情奔放，光芒四射；半矮化的"画春寿星"配上绿色的草坪，好似伊甸园，如梦如幻。"红菊花""红葵菊"等菊花系列品种绚丽而高雅。

花瓣高达 200 片　花径延伸似玫瑰

桃花瓣数 5 瓣为单瓣，6~10 瓣为复瓣，10 瓣以上为重瓣。我国传统的碧桃品种瓣数一般在 20~40 瓣。研究团队利用了远缘杂交，杂种后代出现意想不到的广泛分离，培育的"万重粉""万重红"等品种花瓣数量达到 200 多瓣，比传统品种增加 5~10 倍，实现花径的重大突破，堪称"桃玫瑰"。

春风十里　遍地桃花

从南国春城广州春节的花市到首都北京"桃花草莓园"，从东海之滨

郑州果树研究所在上海、漯河的桃花基地

上海"神州桃花源"到西部休闲农业之都成都，在公园、在田间、在路旁，研究团队培育的观赏桃花品种上千万株在祖国大地的桃花节上美丽绽放，给春游的人们带来了好心情，给花农带来了好收益，给美丽中国增添了浓墨重彩的一笔。绚丽的观赏桃花，还将在祖国的大地上绘就更加美丽的春天画卷。

专家团队介绍

　　王力荣及其创新团队，长期从事桃种质资源与遗传育种及栽培技术研究，建立了世界上种质多样性最丰富的桃种质资源圃，培育了成系列的普通桃、油桃、蟠桃、油蟠桃和观赏桃新品种供生产应用。本期介绍的多种观赏桃花，是其团队针对桃花市场存在的适应性不足以及花色品种单调等问题，以降低品种需冷量为主线，以增加多样性为重点，采用远缘杂交、胚挽救、分子标记等技术，长期科研努力的结果。这些适应性强、开花早、花期长、多样性丰富的优良观赏桃品种，是各地桃花节的重要栽培品种，成为美丽中国、乡村振兴建设的重要载体。

采写：李海燕　　陈莹　　侯丹丹

风吹麦浪　麦田飘香

何中虎
研究员，中国农业科学院作物科学研究所。

　　入党 30 年，中国农业科学院作物科学研究所研究员何中虎 2017 年有了新身份——党的十九大代表。在接受记者采访时，何中虎研究员表示，"这既是一份至高的荣誉，更是一份沉甸甸的责任。"

　　自 1993 年到中国农业科学院工作，何中虎的工作就围绕中国三大口粮之一的小麦展开。作为中国农业科学院"小麦亲本创制与新品种选育"创新团队首席科学家和国家小麦改良中心主任，何中虎每年都有几个月工作在田间地头，他最重视的是小麦的品质，最高兴的是新品种能推广，最关心的则是"如何把新技术尽快用在农业上"。

不忘初心，潜心小麦品质研究

　　在何中虎的办公室里，"帮助世界与饥饿作战"的世界绿色革命之父诺曼•布劳格的一张照片摆在书柜上，颇引人注目。

　　布劳格是国际玉米小麦改良中心（CIMMYT）的创始人，1990 年至1992 年，何中虎在 CIMMYT 从事博士后研究，他的导师桑贾亚•拉贾拉姆就是布劳格的学术接班人。

　　和导师一样，消除饥饿，也是何中虎选择学农的原因。孩童时期的他常常吃不饱，印象最深刻的是十岁那年，家乡大旱，加上肆虐的虫害，导致粮食大减产，一人一年只分得30千克小麦和90千克玉米。

何中虎研究员工作中

"你们中国小麦的品质怎么样，适合做什么产品？"这是何中虎在国外时经常被问到的问题。30多年前面对这个问题时还比较尴尬，因为当时国内对中国小麦品质家底尚不清楚，更谈不上国际发言权。这让他强烈地意识到，中国人应该对中国小麦品质有更深入的了解。

实验室里的面条香

在何中虎的实验室里，不仅有精密的实验仪器和设备，还有磨面机、压面机、烤箱、炉、锅等工具。来到中国农业科学院之后，在庄巧生院士等的支持下，何中虎迅速组建团队，以中国传统主食面条的品质为切入点展开研究。为此，何中虎已经不记得在实验室里吃了多少份面条。

经过多年努力，何中虎带领团队首先建立了以面条为代表的中国小麦品种品质评价体系。

近5年，何中虎带领团队更进一步，在分子标记育种实用化研究方面取得了显著进展，大大加快了新品种培育的速度；同时，优质面条小麦品种在生产中发挥了更大的作用。

何中虎研究员表示"现在中麦175和中麦895这两个节水节肥品种的推广面积不断扩大，对生产的贡献在逐步增加。"2017年，这两个品种的合计推广面积在1000万亩以上。

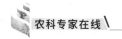

何中虎还告诉记者，现在中国小麦品质研究面临新需求：不仅要好吃，更要营养健康，这也对下一步研究提出了新挑战。

"中麦175"走出实验室，走进田间

一年中有3个月，何中虎不是在田里"看"麦子，就是在做推广。"一项新技术从实验室走到田间是很不容易的，需要很多环节"他说。

一些科研"灵感"也从此而来，"中麦175"的推广就是一个例子。该品种最初作为水浇地品种选育和推广，然而，一次在山西晋城的示范现场，何中虎发现，该品种在山上表现不错，在山下旱地表现更为突出。"我当时得到了启示，想能不能送到旱肥地示范推广。"结果，"中麦175"在这些地区的试验和推广效果的确非常好。

中麦175示范田

2017年5月，习近平总书记在致中国农业科学院建院60周年的贺信中提出了"三个面向"和"两个一流"的要求和目标。在何中虎看来，"三个面向"落实在他的具体工作上，就是"把论文写在大地上"，"把前沿技术用到新品种选育和推广中，并在主产区发挥作用"。

在得知自己成为一名党代表之后，何中虎主动加强了对党的理论、方针、政策的学习。"作为基层一线的农业科研人员，一方面，要站在更高的层次，积极做出表率；另一方面，还应该付诸实际，更加努力地将科研工作做好"，他说。

采写：李海燕　侯丹丹

让科技转化成收益

魏灵玲

研究员，中国农业科学院农业环境与可持续发展研究所。

"可以说，过去这 5 年，我们在拼命地奔跑，但是活儿似乎永远干不完。"作为中国农业科学院农业环境与可持续发展研究所研究员、北京中环易达设施园艺科技有限公司的"掌门人"，魏灵玲的工作被精确地分配至每一个小时。

过去 15 年，除从事"智能植物工厂""都市型设施园艺""植物 LED 光环境调控"等设施农业研究之外，魏灵玲的许多时间用在了设施园艺的成果转化上。

她的忙碌在于过去几年中，农业之"热"让农业科技成果的市场需求呈指数级上涨；也在于中国的农业科技成果转化，没有前车之鉴，一切依靠在实践中摸索。

自从当选党的十九大代表，魏灵玲更加忙碌了，"现在每天都要学习习近平总书记的系列重要讲话。"她告诉记者，"'专业'去学，收获很大，会觉得很多思路变得更加清晰。"

了解市场的科学家

2002 年，刚从中国农业科学院毕业的魏灵玲以中国农业科学院代表、

魏灵玲在植物工厂

公司总经理助理的身份加入了中环易达。如果说15年前从事这份工作属于机缘巧合，那么今天，魏灵玲做农业科技转化的决心和信心更足了。

"实际上当时不知道怎么转化，也不知道市场在哪里。"魏灵玲告诉记者，然而，随着时间的推移，尤其是近5年来，市场需求呈现了指数级的增长。"慢慢地，市场有很大的需求，就看你能提供什么。"魏灵玲说，这期间，有两件事让她很受"刺激"，也使她卯足了劲儿。

一是她经常面对非常渴求新技术新成果的客户，这些客户兜兜转转三四年，花费了巨资，往往还找不到"对口"的项目或项目无法落地。

二是与国外机构、企业谈判中感受到的"不公平"。"我们花了大价钱买了外国的东西，结果人家还不好好卖给你。"每当听到对方说"这个不开放""那个不卖"时，魏灵玲的心里总在问：凭什么？

"我们有非常优秀的科学家，我们也知道市场的需求，我们可以做得比他们更好，可以把这'最后一公里'走完。"她说。

完善产业链条　搭建商业模式

由于农业产业链不完整，无经验可循，市场需求虽"井喷"，但找上门来的客户往往只有"朦胧美好的想象"，说不出明确具体的需求，这就要求魏灵玲和团队的同事与客户反复沟通，使目标逐渐明晰。产业链不完整，转移转化单一的某项技术或硬件还远远不够。

　　"简单来说，就是产品交给客户了，客户还希望你教他怎么用、怎么维护，你得帮助培训、运营；之后客户还希望你帮他找销路、找市场，你还得把整个商业模式搭建完整。"在魏灵玲看来，只有帮助客户把产业链"从头至尾"做完整，找到商业模式和市场，一次农业科技成果的转化才真正完成。她认为，农业科技转化实际上进入了定制化阶段，即根据客户的需求，将成果进行整合式的创新，来不断匹配应用场景。

　　这需要广阔的视野、专业的水平，尤其是跨界整合资源和进行研发的能力。"比如，一个垂直的植物工厂可能要求20米高，要充分利用空间、提高产量，那么就要去建筑设计院找专业的设计师；20米高的植物工厂要进行种植管理，就需要研发自动控制系统；每一种作物要求的环境不一样，那就要和别的科研单位进行联合研发，匹配植物工厂的需求。"魏灵玲解释道。

魏灵玲介绍植物工厂

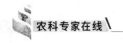

搭建平台　助力农业科技创新转化

回忆起初做转化，魏灵玲说那时可谓一人"包打天下"，但实际上，时间精力限制下，"包打天下"往往让科研和转化难兼得。

"现在国家出台了非常好的政策，通过机制体制的创新支持转化，让适合做基础研究的人做基础研究，让适合做应用研究的人做应用研究，在科研、市场、客户之间有专业的人做转化。"魏灵玲说，这样一来，资源要素在产业链上高效地配置，每个团队都各自发挥所长，各得其所。

近几年来，随着客户增多，需求扩大，魏灵玲和她的团队一直"高负荷"地工作。"目前干转化的人还是太少了，"魏灵玲感概道，"我们应该搭建一个开放共享的平台，吸引专业的合作伙伴，共同来做这件事。"这也是下一个五年魏灵玲最想做的事——磨技术、磨产品、搭平台、带团队。"我们应该搭建自己的技术支撑体系和技术标准，这是核心。"她表示，"另外，还要优化资源的配置，吸引越来越多的优秀团队从事农业科技的创新转化。"

国际化道路也是重要方向，魏灵玲表示，她将带领团队整合国际农业科技资源，引进、消化再吸收，因地制宜地进行联合开发。

"习近平总书记在给中国农业科学院建院 60 周年的贺信中提出'三个面向'的要求，这让我们的工作更有方向，在国际谈判时不由地产生责任感，也更加有底气。"

她告诉记者，十九大即将召开，作为一名党员，希望自己更及时、更深刻、更全面地了解党的大政方针，"既然成为了一名党代表，就应该站在这个平台上，把自己的资源和能量发挥好，去带动更多的人。"

采写：李海燕　侯丹丹

马铃薯主食化，说说最让群众操心的 5 大问题

郭燕枝

研究员，农业农村部食物与营养发展研究所战略研究室副主任。

粮食安全上关国家之安稳，下系百姓之健康。马铃薯主食化战略牵动亿万人民群众火热的心。人民群众关注的五大马铃薯主食化问题，农业科学家给你专业的答案。

马铃薯都要做主食了，是不是我国的粮食不够吃了？

马铃薯做主食，不是我国的粮食不够吃，而是要让我们的人民吃得更好。马铃薯有保障粮食安全的功能，但我国粮食已经实现多年连增，粮食安全总量上没有问题，没必要把粮食安全的重任推给马铃薯来承担。

马铃薯块茎中淀粉含量为 13.2%~20.5%，兼有直链和支链两种结构型；蛋白质含量一般为 1.6%~2.1%，质量与动物蛋白接近，可与鸡蛋媲美；富含 18 种氨基酸，易被人体消化吸收。此外还有膳食纤维、维生素、矿物质等人体必需的营养元素。与传统的主粮大米、小麦和玉米相比，具有高纤

马铃薯

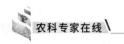

低脂微量元素多的特点。

另外，马铃薯耐寒、耐旱、耐瘠薄，适应性广，从南到北、从高海拔到低海拔的大部区域都能种植马铃薯，特别是开发利用南方冬闲田，扩种马铃薯潜力很大。

马铃薯做主食，一方面是为百姓的餐桌锦上添花，使其吃的更多元、更营养、更健康；另一方面是为充分高效利用资源，调整农业结构，实现农业可持续发展，保障粮食安全持续发展的未雨绸缪。

作为国之战略，马铃薯做主食的科学依据在哪里？

第一，马铃薯主食化的营养效益显著。马铃薯主食化将有效提高维生素 A、维生素 C、钙、钾、铁、铜等中国居民长期摄入不足的营养素在食物中的比重。

第二，马铃薯主食化的生态效益明显。马铃薯生长适应性广，抗逆性强，稳产特性显著。我国从南到北、从高到低的大部分地区生态气候条件都能满足马铃薯的栽培生产，是应对自然灾害的良好应急补栽作物。马铃薯种植具有节水、节肥、节药等特点。

第三，马铃薯主食化的社会效益突出。在不与三大主粮抢水争地的前提下，马铃薯主食化能够提高国家粮食安全保障水平，促进马铃薯产业的发展，不仅能增加粮食生产能力、促进农民增收、集约利用土地，同时带动产业发展。

马铃薯主食适合谁吃？

随着社会的整体富裕，城乡居民的膳食状况有了明显改善，身体素质出现了整体提升。但也应看到，中国人的饮食有向西式高脂高热等不合理饮食结构靠拢的趋势，导致超重、肥胖以及高血压、血脂异常、糖尿病等慢性疾病发病率增加，并向低龄化蔓延。人们有着强烈的改善营养结构的迫切愿望。

马铃薯的营养丰富全面，结构有益健康，积极开发并提供适合中国居民一日三餐消费习惯的全营养马铃薯系列产品，以营养、消费和生产一体化为途径，大幅提高马铃薯以主食产品形式消费占总消费量的比重，推动马铃薯从杂粮副食转变为主食，是因势而谋的重大举措。

马铃薯

马铃薯主食化将为居民健康带来哪些好处？

首先，补充了主食中缺乏的维生素 A 和维生素 C，特别是维生素 A。人群中约有 71% 的人存在摄入不足的风险，通过马铃薯主食化可以增加居民对维生素 A 的摄入水平。

其次，矿物质含量更丰富。随着马铃薯主食化的日益推进，居民通过主食消费，将有望较大提高钙的摄入水平。

再次，蛋白质质量更优。马铃薯蛋白是完全蛋白质，赖氨酸含量最高，蛋白质质量较好，接近于动物性蛋白。

最后，马铃薯脂类含量较低，更适合超重、肥胖人群。我国人均国民收入已进入中等发达国家行列，居民食物消费需求相应也进入了以营养指导膳食的重要转型时期。

主食化为什么选择马铃薯？

（1）产量大：中国马铃薯面积、产量在持续增加，2012 年达到 8 300 万亩，总产 1 855 万吨（已按 5:1 折粮，鲜薯总产 9 275 万吨），分别占全国薯类面积的 62% 和总产的 56%。

（2）多元化：马铃薯与玉米、小麦并称三大淀粉作物，尽管玉米淀粉产量大、价格低廉，但马铃薯淀粉却因性能独特而为玉米淀粉所不能替代，高黏性，高聚合度，含有天然磷酸基因；品味温和，广泛应用于食品、医药等高端产业，衍生品达 2 000 种以上。

（3）容易活：从适应上看，马铃薯可以说是四海为家。① 马铃薯是冷凉作物，3℃以上就能发芽；② 马铃薯生性特别耐旱、抗灾、耐瘠薄，土壤酸一点碱一点都不要紧；③ 马铃薯可春种、夏种、秋种、冬种，最快的出苗 2 个月就可收获，一般的 3 个月也可收获。

（4）有营养：从营养角度看，马铃薯近乎全营养。马铃薯低脂肪、低热量，碳水化合物含量只有米、面的 1/5；膳食纤维含量丰富，能减少慢性便秘发病率，降低体内血脂、血糖及胆固醇水平；从食疗角度看，则和胃调中，健脾益气。

（5）大众化：马铃薯的产业分布主要在世界北半球，世界最发达的地区欧洲和北美也是马铃薯种植最为集中的地区。目前，欧洲国家人均年消费量稳定在 60 千克以上，俄罗斯人均消费量达到 180 多千克，而我国只有 40 千克左右，确实有增长空间。

采写：李海燕　陈莹　侯丹丹

您的番茄想要几分甜

黄三文

研究员，博士生导师，中国农业科学院农业基因组研究所所长，国家农业基因组科技创新联盟理事长。

根据世界粮农组织统计，全世界番茄总产值每年接近 1 千亿美元。番茄具有低热量，富含抗氧化的番茄红素、多种矿物质和维生素等优势，被称为"世界第一大蔬菜作物"。在国际种业市场上，高端优质番茄的种子价格超过黄金。

万年驯化，野果变番茄

番茄起源于南美洲的安第斯山脉，随着人类迁移和驯化逐渐传到中美洲和墨西哥一带，16 世纪传到欧洲，在随后的几百年中番茄被传播到世界各地，在这一过程中受到不同的人工选择，产生了丰富的变异类型。

野生番茄是一种果重只有 1~2 克，酸涩味浓郁的野果子，经过人类千百年的驯化后，番茄的重量和

改良红玛瑙番茄

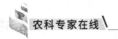
味道都有了显著的改良，现代栽培番茄的果重是其祖先的 100 多倍。然而到了现在，其风味却下降了，逐渐影响了人们的消费意欲。

儿时番茄好味道去哪儿了？

赛珍珠番茄

研究团队发现，之所以"西红柿没有以前的味道了"，是由于现代育种过程过于注重产量、外观、抗性等性状，导致了控制风味品质的部分基因位点丢失，造成 13 种风味物质含量在现代番茄品种中显著降低，最终使得番茄口感下降。

科学家们以培育出好吃的番茄为目的，研究番茄果实营养和风味物质的化学和遗传机理，期望把风味更佳的番茄送到市民餐桌上。

甜或酸，谁在控制番茄风味开关

研究团队对 100 多种番茄进行了多次严格的品尝实验，并利用数据模型分析确定了 33 种影响消费者喜好的主要风味物质，这些物质包括葡萄糖、果糖、柠檬酸、苹果酸和 29 种挥发性物质，揭示了番茄风味的物质基础。

在此基础上，研究团队分析了

醋栗番茄（左）樱桃番茄（中）大果番茄（右）

来自世界各地 400 多份番茄的风味物质含量，并进行基因组测序和生物信息学分析，获得了控制风味的 49 个基因位点，从而首次阐明了番茄风味的遗传基础。其中包括 2 个控制含糖量的基因位点，5 个控制酸度的基因位点，发现了一些挥发性物质能够提高果实的甜感以及一些可以赋予果实花香的气味。

有的放矢　番茄美味回归

　　这项成果为培育美味番茄提供了切实可行的路线图。目前，研究团队和育种专家们合作已经培养出了含糖量提高的番茄新品种，也正力争恢复番茄原来的浓郁风味，使美味番茄早日进入人们的餐桌。

冬韵番茄

　　该工作除了为今后的番茄育种朝更营养更健康的方向发展奠定了基础，同时对其他作物的品质改良提供了一个重要的思路。今后再通过与生产、推广、销售等环节合作打造消费者信任的品牌，从而实现从基因组到餐桌的高品质食物链条。

专家介绍

　　黄三文研究员主要致力于利用组学大数据开拓植物生物学前沿并推动作物育种变革。他是国际蔬菜基因组研究领域的奠基人之一，担任国际黄瓜基因组计划的首席科学家和国际茄科基因组研究联盟的共同主席。

　　组织和参与组织了黄瓜、马铃薯、番茄等重要作物的基因组测序，奠定了我国在这个领域的优势地位（《Nature Genetics》2009，2011，2013；

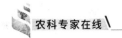

《Nature》2011, 2012）。系统收集和分析了 3 000 多份黄瓜品系和 600 多份番茄品系，构建了黄瓜和番茄的变异组图谱，阐明了这两种作物驯化和分化的遗传基础，为种质资源的育种利用提供了理论框架（《Nature Genetics》2013, 2014）。利用组学工具，揭示了黄瓜苦味生物合成和调控的分子机制，阐明了人工选择对番茄果实代谢的影响并提出了番茄风味改良路线图，为培育优质蔬菜品种提供了分子育种工具(《Science》2014, 2017;《Cell》2018）。共发表学术论文 100 余篇,被 SCI 引用 7 000 余次,得到了《Nature Review Genetics》《Faculty of 1000》等期刊和同行专家的高度评价，在植物基因组学和园艺学领域具有广泛的国际影响。

2012 年担任国家"973"项目首席科学家，获得国家杰出青年科学基金资助，入选"万人计划"。2016 年获得"周光召基金会"基础科学奖。担任《Molecular Plant》和《JIPB》等学术期刊的编委。

采写：李海燕　侯丹丹

《Nature》长文报导植物界最大的基因组测序工程"3000 份水稻基因组计划"

黎志康

研究员，博士生导师。中国农业科学院农作物基因资源与基因改良国家重大科学工程首席科学家，国际动植物基因组年会植物分子育种分会发起人和主持人。

2018 年 4 月 25 日，国际顶级期刊《Nature》长文报导由中国农业科学院作物科学研究所牵头，联合国际水稻研究所、上海交通大学、华大基因、深圳农业基因组研究所、安徽农业大学、美国亚利桑那大学等 16 家单位共同完成的"全球 3 000 份水稻核心种质资源重测序计划"。

巨量的自然多态性数据

我们发现了巨大数量的 SNPs，仅与一个参考基因组比较就发现了 2 700 万的二态性的 SNPs，是目前分子标记数最大的平台。为了方便大家应用，我们把数据简化成多种子集，有 1 700 万、480 万、40 万，等等，使研究人员可以根据自己的研究需要和计算能力来利用数据。

籼、粳命名的恢复

亚洲栽培稻的两个大亚种——籼稻和粳稻，在我国农耕历史上早就被认识并区分，日本学者在国际学术期刊首次用了 indica 和 japonica 来称呼籼稻和粳稻，这种方式有一定的误导性，可能让不知情的外国学者认为籼稻起源于印度，粳稻起源于日本。学术上纠正误解是很重要的

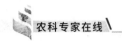
工作。籼稻和粳稻命名在我国有 2 000 年以上的历史，第一任中国农业科学院院长丁颖先生就系统的提出了 Xian 和 Geng 命名法，我们把这种命名方法重新恢复使用。indica 和 japonica 存在一定的误导，而籼、粳是中性名词，更为合理，因此我们恢复水稻这种命名方法。我在这里也向全国科研工作者呼吁，今后发表文章有涉及的都使用这种命名方式。

当今最精细的亚洲栽培稻种群分类

过去，主流分类方式认为亚洲栽培稻分为籼稻、热带粳稻、温带粳稻、Aus 和混合类型。我们将水稻分成 9 个群体，包括 4 个籼稻的亚群和 3 个粳稻的亚群以及 Aus、Aro。这是目前对水稻分类最精细的描述。

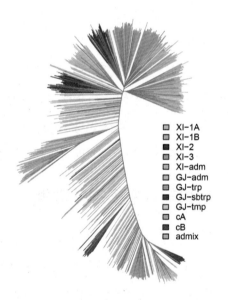

3 010 份亚洲栽培稻的群体结构

发现丰富的基因组结构变异

我们检测的结构变异分成 4 类，包括易位、倒位、重复和缺失。过去在育种上，我们普遍认为种内的变异反映在等位基因上的变异，基因在染色体上的位置是固定的，但我们发现存在大量的结构变异。在未来育种上，基因的位置可能因为不连锁发生改变，在育种上有重要的指导意义。

全球首个近乎完整、高质量的农作物——亚洲栽培稻的泛基因组—物种基因总数的确定

我们发现了约 2 万个新基因，其中，1.2 万个拿到了全长序列。以前我们认为每个个体的基因数目是相同的，我们发现在水稻中不是这样。亚洲栽培稻整个物种中，一部分是核心基因组，大概占总基因数的 62%；一部分是分布式基因组，大概占 38%。每个个体的基因数在这个物种中只占 70%。换句话说，每个水稻品种中

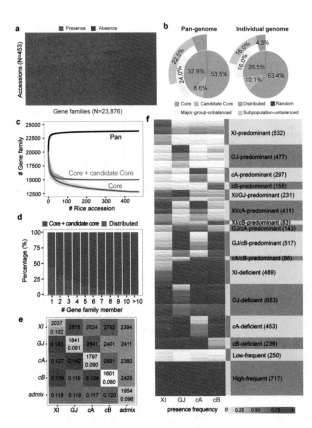

亚洲栽培稻泛基因组及其群体特征

有 30% 的物种基因是没有的。再加上它的等位基因数，这些基因为未来的基因发掘提供了非常重要的信息。

所谓核心基因指这套基因是所有水稻个体都拥有的、参与必要的生物学功能。非核心的基因功能主要集中在各种各样的生态、抗性、逆性。换句话说，未来功能基因组的研究重点或许应该放在非核心基因组上，这对于品种的适应性价值是重大的，它的多样性高，应用价值更好。

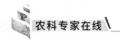

亚洲栽培稻独立多起源的讨论

我们的数据不支持籼稻驯化自粳稻的模型,籼稻和粳稻应该是独立驯化的。

3 000 份水稻基因组材料和数据在规模化基因发掘中的应用

我们 4 年前就开始把数据公开了,当时拷贝 1 份数据需要 1 个多月的时间,很多单位找我们要,我们当时计算机的能力没能够满足大家的需求。目前我们已经向 40 余家高校发放了 4 万份次材料,就是为了加速信息的使用,加速我们国家功能基因组的平台和育种平台的应用。全国各个单位将对所有水稻重要农业性状进行大规模的基因发掘和育种实践,这个项目将对我国的水稻研发起到大规模的推动作用。

数据库的建立与共享

我们想建立水稻功能基因组和育种数据库。现在已经建成了 SNP 数据库、泛基因组数据库,正在建立水稻功能等位基因的数据库。再加上全国 40 多家协作单位在不断的进行表型实验测量,功能基因组的研究数据,最终建立一个更加综合的数据平台。所以,这些数据库将成为水稻功能基因组研究成果在水稻育种应用中的桥梁,开启后基因组时代的水稻设计育种。

数据库网址:

RMBreeding databases: http://www.rmbreeding.cn/index.php

3 K RG SNP 数据库 SNP-Seek: http://snp-seek.irri.org

Rice 遗传数据: http://www.ricecloud.org/

IRRI Galaxy: http://galaxy.irri.org/

3 K Rice Pan-genome Browser: http://cgm.sjtu.edu.cn/3kricedb/.

专家介绍

　　黎志康研究员主持的比尔及梅琳达·盖茨基金"为非洲和亚洲资源贫瘠地区培育绿色超级稻"是全球最大的国际农业科研项目。

　　全球水稻分子育种协作网协调科学家，美国科学促进协会会员，美国遗传学学会会员，美国作物科学学会会员，《Plant Breeding》编委，《Plant Genome》和《分子植物育种杂志》副主编。

采写：李海燕　侯丹丹

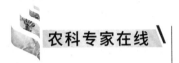

农科专家在线

畜牧兽医

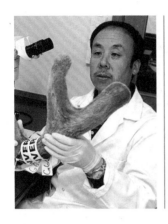

鹿茸的再生蕴藏着你所不知道的秘密

李春义

研究员，博士生导师。中国农业科学院特种动物干细胞创新团队首席科学家。特种动物分子生物学省部共建国家重点实验室常务副主任，吉林省鹿茸工程研究中心主任。

鹿茸是鹿额骨上的一种附属器官，能够每年脱落并完全再生，可谓大自然孕育的一个奇迹，如果这个奇迹在生物进化中没有出现，可能连最富有想象力的科幻小说作家也不能塑造出来。鹿茸到底还藏着多少未被揭开的谜底，吸引着一代代科学工作者倾其一生去研究它、

鹿茸

描述它、揭示它，使之与它的药用价值一起为人类的健康服务。

鹿茸名贵，价值几何？

"味甘温，主漏下恶血，寒热惊痫，益气强志，生齿不老。"——《神农本草经》

"生精补髓，养血益阳，强健筋骨。治一切虚损，耳聋，目暗，眩晕，虚痢。"——《本草纲目》

"壮元阳、补气血，益精髓，强筋骨。治虚劳羸瘦，精神倦乏，子宫

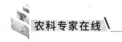
虚冷等。"——《中药大辞典》

作为珍贵的药材，中药中的上品，鹿茸的研究与使用在我国已有上千年的历史。以往的学者研究鹿茸神奇的药理作用，使之成为当之无愧的名贵动物药；现代学者深入研究关注鹿茸奇特的生物学现象，使之成为快速生长、骨化、再生等多重生物医学模型。

鹿茸再生，哺乳动物器官再生的模型

鹿茸是唯一一个哺乳动物器官完全再生的传奇。鹿茸是鹿额骨上的一种附属器官，随着每年骨化脱落，新生茸从角柄（着生于鹿额骨上的永久性骨桩，是鹿茸再生的组织基础）上再生出来。这个过程明显不

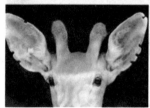
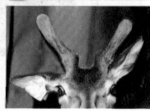

鹿茸生后发育

同于两栖动物将肢体截断面已经分化的各种组织细胞向胚胎样细胞进行重新编程的过程。

鹿茸再生现象意义在于给人们提供了一个了解哺乳动物器官完全再生的机会。揭示鹿茸完全再生机制，将会对人类器官的再生研究具有重大的理论及实践意义。

揭开再生的秘密——骨膜细胞

研究显示，鹿茸再生依赖于一种分裂潜力巨大的干细胞，即角柄骨膜细胞的分化过程。该过程取决于角柄末梢的骨膜干细胞受到的周期性的激活。骨膜是很好的鹿茸干细胞组织，它是一种后生组织，有很强的自我分

化能力。研究表明角柄和鹿茸是来源于骨膜，角柄和鹿茸内部所有类型的细胞都是由骨膜细胞分化来的。因此，鹿茸是由骨膜细胞生长发育来的，骨膜细胞就是真正的鹿茸干细胞。

鹿茸完全再生

强心剂，鼠头上长出"鹿茸"

鹿茸再生之谜已经破解，这一研究成果运用在其他哺乳动物肢体再生方面是否依然行之有效？小鼠断肢的伤口愈合过程与鹿茸早期的再生过程极为相似，所不同的是小鼠断肢的一种骨质细胞，不具备鹿茸再生干细胞的巨大增殖潜力。

科学家将鹿茸再生干细胞移植到裸鼠头上，赋予小鼠这种细胞，移植成功存活后发现，小鼠头皮的表皮完全转变成了茸皮的表皮。这个结果说明，鹿茸再生干细胞不仅发起了鹿茸的生长，更有望实现小鼠的断肢再生或是部分再生。

断肢再造，科学研究一直在路上

脊椎动物在其进化过程中逐渐丧失了再生其附属器官的能力，鹿茸在骨修复领域是一个有巨大潜力的动物模型，可以在鹿茸上模拟疾病的发生和发展过程，采取人为的方法进行实验和治疗，当完全了解这些措施的安全性、有效性和临床实用性后，其最终成果有望应用于人类，为人类骨修复方面的再生医学带来新希望。

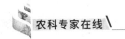

专家团队介绍

团队名称： 中国农业科学院特种动物干细胞创新团队

所属单位： 中国农业科学院特产研究所

团队介绍： 中国农业科学院特种动物干细胞团队拥有 17 个在职科研人员。团队旨在挖掘干细胞依赖性的独特生物学现象，特别是鹿茸的发生与再生、麝香腺体的发育与泌香等。在对相关干细胞进行全面定性基础上，对这些现象形成的机制进行深入、系统的研究，以期在重大基础医学领域实现突破（顶天），如实现哺乳动物器官（断肢等）的完全再生；在医疗保健领域做出实实在在的贡献（立地），如提供疗效确切的干细胞源性终端产物（鹿茸、麝香等）的产品。发表 SCI 文章 80 余篇；完成省、部和国家课题 10 余项、发明专利 2 项、获奖省部和国家级奖 7 项。

团队主要业绩： 围绕鹿茸这一独特的生物学模型开展深入的研究，以揭示其完全再生、巧妙调节快速组织生长不发生癌变和干细胞自主分化的机制，软骨、骨、皮肤、血管和神经再生机制等，以期为人类的健康做出贡献。奖项：1990 年中国科协"中国青年科技奖"；2002 年吉林省和中国农业科学院"科技进步二等奖"(均第一名)；2004 年"国家科技进步二等奖"（第三名）；2003 年国际研究促进会"杰出科学家奖"；2014 年吉林省"科技进步二等奖"（第一名）；2017 年吉林省"自然科学一等奖"（第一名）。

采写：李海燕　侯丹丹

直径10厘米的伤口，1分钟止血，6天痊愈，鹿茸干细胞起到关键作用

李春义

研究员，博士生导师。中国农业科学院特种动物干细胞创新团队首席科学家。特种动物分子生物学省部共建国家重点实验室常务副主任，吉林省鹿茸工程研究中心主任。

鹿茸是雄鹿的第二性征、头部的骨质衍生物。鹿茸每年春天从鹿头部永久性的骨桩——角柄上长出，夏季进入快速生长期，秋季完全骨化脱掉茸皮暴露出坚硬的死骨角，冬天死骨角牢牢的附着在活组织的角柄上。到了第二年春天，鹿角脱落激发新一轮鹿茸的生长。

中国是最早将鹿茸作为药用的国家，为了保存最大的药效，生产上要将快速生长期的鹿茸锯下，然后加工干燥，作为中药的原料。

创面1分钟止血源于鹿茸的特殊构造

由于鹿茸是生长最快的哺乳动物组织（可达2厘米/天），所以血管分布非常丰富，锯茸时强大的压力使血注喷出。神奇的是由于鹿茸血管在进化过程中形成的特殊构造，可在1分钟之内仅靠血管断端的强力收缩便使血流完全停止，所以锯茸对鹿本身并不能造成明显的伤害。锯茸后伤口的愈合与角柄顶端伤口的愈合同样都非常神奇。

不吃药 伤口照样不发炎不感染不留疤

每年春天鹿角脱落后，在角柄的顶端都要留下一个伤口，有的鹿种这

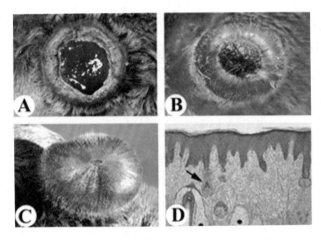

鹿茸伤口无疤痕愈合

种伤口的直径可以超过 10 厘米（图 A）。这些伤口在春夏交际的鹿圈也从不发炎、感染，最令人吃惊的是不到 1 周的时间就能完全愈合，而且不留伤疤（图 B 和图 C），属于再生性愈合（图 D）。在这个愈合过程中皮肤和毛囊等皮内附属器官全部再生。在角柄顶端伤口愈合的同时，一个新的鹿茸已经悄然萌发。

鹿茸干细胞，再生性愈合的魔法师

研究表明，角柄顶端的伤口之所以能够快速完美愈合是由于鹿茸干细胞的存在。将鹿茸干细胞移植到鹿体其他部位的皮下，也能使移植部位的

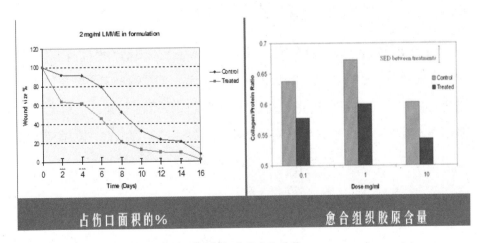

伤口愈合的速度和质量

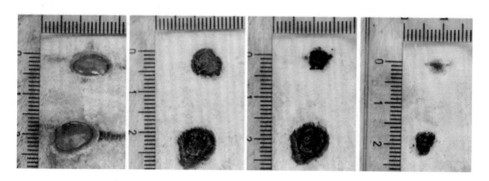

伤口愈合模型

伤口出现快速无伤疤愈合。与免疫细胞的离体共培养结果表明，鹿茸干细胞不但能增强免疫细胞的活力，而且还能有效抑制炎性因子的分泌。这可能就是为什么角柄顶端伤口从不感染也不发炎的原因所在。

揭秘鹿茸干细胞特性　为人类临床研究提供借鉴

角柄顶端伤口快速无伤疤愈合的现象，对临床上治疗伤口愈合具有难得的借鉴作用。但将该模型应用到临床之前，我们必须搞清鹿茸干细胞刺激伤口无伤疤愈合有没有种的特异性。为此我们用大鼠皮肤伤口模型进行了尝试。结果表明，鹿茸干细胞的条件培养液可显著促进大鼠的伤口愈合速度和愈合质量。进一步的优化，有望将鹿茸伤口愈合研究中的发现有效应用到临床上，从而对人类创伤、烧伤病人的治疗做出重大贡献。

采写：李海燕　侯丹丹

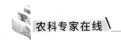

骨质疏松几周内逆转　雄鹿身上的奇迹能在我们身上成为现实吗

李春义

研究员，博士生导师。中国农业科学院特种动物干细胞创新团队首席科学家。特种动物分子生物学省部共建国家重点实验室常务副主任，吉林省鹿茸工程研究中心主任。

几周前还是蜂窝状的骨质，繁殖期到来之时迅速逆转变成正常，雄鹿的骨骼给了我们哪些启示？

雄鹿被人们视为美丽吉祥的动物，主要是因为它们头上长了一副漂亮的骨质衍生物，即我们常说的鹿茸。鹿茸的外表被覆着生有柔软茸毛的皮肤，内部由各种形状的细胞、软骨、骨组织组成，其中富含血管和神经，代谢旺盛，生长迅速。在夏天的生长期，鹿茸生长速度非常快，有的大鹿种（如马鹿）的鹿茸每天可以超过 2 厘米，在 60 多天的生长期内一副鹿茸可以重达 30 千克。

骨质疏松，雄鹿难逃的劫

当鹿科动物开始进入繁殖期，为了争夺和占有更多的母鹿，雄鹿间开始出现剧烈争斗。作为头部衍生物的鹿茸虽然美丽，但由于质地柔软当不了武器。

这样在进化过程中鹿就发生了一个有效的机制，在繁殖季节到来之前，用快速上升的体内雄激素诱导鹿茸完全骨化，使之变为坚硬的骨角，即鹿角，后者就可以作为致命的顶斗武器。但要使柔软的鹿茸变鹿角，鹿

鹿角可以作为致命的顶斗武器

需要在短期内找到大量的，有时要超过 30 千克的矿物质，特别是钙质。这些矿物质要从哪里来呢？

　　研究发现，在鹿茸快速骨化这个季节，无论饲料里的钙质多么丰富，鹿的整体骨骼都要出现一次严重的生理性骨质疏松。

蜂窝状的鹿体骨骼快速逆转应对挑战

　　这种生理性骨质疏松有多么严重呢？检测得出，有些鹿体骨骼（如肋骨或胸骨）的疏松程度非常严重，质地变的像蜂窝状，程度可到达或超过 30%。

　　鹿茸变成鹿角后，鹿马上要进入配种期，雄鹿在这个期间要出现剧烈的顶斗，试想鹿这么疏松的骨骼怎么能经受的住这种顶斗？为了解决这个问题，鹿在进化过程中又发生了一个令人吃惊的能让疏松骨质快速逆转的机制。

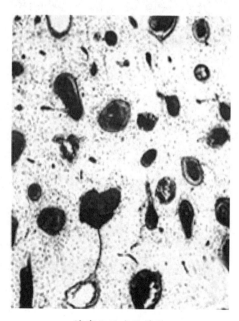

蜂窝状的鹿体骨骼

研究发现，在鹿角形成后不久，疏松的鹿体骨骼已经基本恢复到了原来的正常水平。从而可以使鹿从容的应对接下来的挑战，即顶斗。

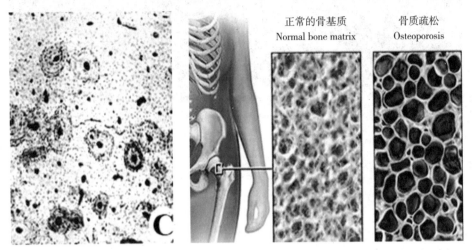

正常的骨基质　骨质疏松
Normal bone matrix　Osteoporosis

疏松的鹿体骨骼已经基本恢复到了原来的正常水平

正常的骨基质与骨质疏松的对比图

对抗人类骨质疏松，科学家在摸索中前行

作为哺乳动物，鹿体骨骼在出现严重骨质疏松的情况下，可以在一到两周内实现逆转并恢复到正常骨质的水平。而同为哺乳动物，人骨骼的结构与鹿的没有明显区别，可是人骨质疏松一经开始，再好的治疗药只能减缓，不能停止，更不能逆转这个过程。

中国农业科学院特种动物干细胞创新团队正在从整体、组织、细胞和分子水平上对鹿骨质疏松的逆转机制进行研究。目前已经精确的掌握了疏松和逆转的几个关键期，对逆转期血液的各种指标进行了测定，利用分子生物学手段对逆转期的骨质进行了全面研究。下一步的工作是将从鹿研究获得的结果在人工制作的骨质疏松的大鼠模型上进行尝试，以期获得较好的治疗效果。

采写：李海燕　侯丹丹

走进特种动物的基因银行，挖掘生命科学的宝藏

杨福合

研究员，博士生导师。"特种动物育种科技创新团队"首席科学家，农业部特种经济动物遗传育种与繁殖重点实验室主任，吉林省特种动物分子生物学重点实验室主任，吉林省特种动物遗传改良工程技术研究中心主任。长期从事特种动物遗传资源与育种研究，曾担任中国农业科学院特产研究所所长。

一粒种子可以改变一个世界，一个品种可以造福一个民族。

——中国工程院院士、植物遗传学家朱英国教授

建立国家特种动物基因库，保护特种动物，使其可持续利用，为科学研究提供标准的科研材料，为育种提供基础素材，为普及特种动物的科学知识做出突出贡献。

蓝狐

马鹿

动物急需基因银行

水貂

自然资源是人类赖以生存的基础。随着人类活动范围的不断扩大，自然资源过度利用、生态环境保护力度不够，使得特种动物资源及其野生近缘种的保护受到影响。一些珍贵、稀有、经济价值高的特种动物遗传资源因为过度利用而处于濒危状态，一些尚未发现利用价值的性状在不断丢失，过度追求高经济效益而使一些动物特性被淘汰。收集、保存珍稀、濒危特种经济动物基因资源，使特种动物遗传资源多样性得到保持，与人类和谐共存，已经成为当今社会的广泛共识。

世界最大特种动物基因库落户中国

历经 20 多年，世界最大的特种动物基因库在中国农业科学院特产研究所建成。保存的动物种类最多：涉及鹿类动物、毛皮动物、特禽类、犬类、兔等动物 500 多个品种（类型），其中鹿类动物种质资源 120 多个；

蓝孔雀

生茸期梅花鹿

雉鸡

黑天鹅

毛皮动物种质资源 220 多个；特禽动物种质资源 140 多个；其他动物种质资源 30 多个。

保存基因数量最多：整合了国内遗传资源保存和研究单位近 70 家，占特种动物遗传资源保存单位、种类和数量的 75% 以上。目前，保存有十余万只活体动物、近万份生殖细胞和 30 000 余份体细胞、组织样品和 DNA。为我国乃至世界珍稀、濒危特种动物种质资源保护、利用打下了坚实的物质基础。

特种动物基因资源挖掘在行动

特种动物饲养业是畜牧业的重要组成部分。随着经济、社会发展，市场需求的多样化越来越突出，其产品在满足人民生活、健康、生产需求等方面扮演着重要角色。挖掘、发现特种动物特色基因并加以创新利用，将为人类产生非常积极的作用。

科研团队积极开展资源综合评价，对 48 个种群 92 个位点进行遗传分析，首次全面系统分析种群遗传结构，挖掘出特色优异功能性状基因 48 个，为我国特种动物资源保护和利用提供重要的科学依据。

梅花鹿基因组研究，发现 1 336 个基因家族发生扩张，468 个基因家族发生收缩。鹿茸顶端组织生长不同时期转录组数据进行组装及差异表达分析，有 254 个基因存在差异表达。对鹿科 10 个物种进行了重测序分

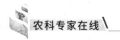

析，得到了与角有无、角冠形状和分权数目相关联基因。可以相信不远的将来，有关鹿类动物那些神秘的生物学特性将从基因层面予以揭示。

特种动物基因库
——基因资源的守护者

生茸期的梅花鹿——三权

特种动物基因库保存的遗传资源的更新以及新遗传资源陆续收集，使我国主要特种动物遗传资源得到了有效保护，实现了特种动物资源的安全保存、规范化、标准化管理及全面共享。

基因库保证了库存基因的更新。根据每类动物特点，每年不低于10%的更新；每年有新的基因补充进库。为国家重点、珍稀和濒危特种动物种质资源保护、利用奠定了基础。丰富了基因库保存遗传资源的数量及保证了基因库的持续利用。

信息检索系统，让特种动物信息实现共享

制定了特种动物遗传资源整理整合、鉴定评价、安全保存、共享服务

红眼白水貂

大理石狐幼狐

等技术规程（规范）66 个，将所有收集保存的动物及遗传物质进行标准化、数据化，并通过现代信息技术实现了信息数据共享。只要进入检索系统，你就会知道基因库里的资源状态——资源的价值、用途、数量，保存地点和方式，如何获得等，在信息共享的基础上，实现了实物共享。

特种动物基因库正在发挥着作用

过去的一年，基因库为社会提供了超过 50 余万人次的科普服务及相关信息；为科研、教学单位提供了 50 000 余份次的活体、组织、血液、DNA 等试验材料以及其他科研数据数万份；为企业及养殖个体户提供育种素材 30 000 余份；1 个新品种进入国审程序，4 个新品种已完成 4 个以上世代选育。从国内外收集、引进种质资源近万份。完成活体资源更新 50 000 余份。

加快我国特种动物良种化进程

随着特种经济动物基因资源的开发利用，为特养业发展源源不断地提供了大批新品种。据统计，约 60% 主推品种的培育成功，采用了本基因库的育种素材。可以预见，伴随着基因挖掘、创制以及生物技术的发展必将有越来越多优良品种不断出现，也必将改变世界特种经济动物饲养业格局，从根本上扭转我国大宗特种经济动物产品长期依赖进口的不利局面。

专家团队介绍

团队名称： 特种动物育种创新团队

所属单位： 中国农业科学院特产研究所

专家介绍： 杨福合研究员先后主持完成国家及省部级科研项目 40 余项；获得科研成果 37 项，其中获奖成果 25 项（作为第一完成人获得国家、

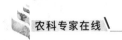

省部院成果奖励 11 项；第二完成人获得省部院成果奖励 6 项）；发表学术论文 140 余篇；主笔出版著作 7 部。被授予农业部有突出贡献的中青年专家、国务院特殊津贴专家、吉林省高级（资深）专家、吉林省拔尖人才（一层次人选）、全国优秀科技工作者、中华人民共和国成立 60 年全国畜牧兽医杰出专家等称号。

团队介绍：特种动物育种创新团队创建于 2014 年，主要依托于特种经济动物分子生物学省部重点实验室。目前，该团队现有研究人员 20 人，其中首席科学家 1 人，科研骨干 7 人，研究助理 6 人。在站博士后 1 人，在读硕士、博士研究生 5 人。特种动物育种创新团队，以特种动物种质创新与新品种培育为研究重点，立足于解决特种动物生产用种长期依赖国外引种的被动局面问题，系统研究梅花鹿品种改良、抗阿留申病水貂新品种选育、蓝狐种质创新与育种和高产雉鸡新品种培育等重点问题。

团队主要业绩：新增科研立项 7 项，培育动物新品种 1 个，获省奖、院奖各 1 项，发表学术文章 29 篇（其中，SCI 收录论文 8 篇，单篇最高影响因子 7.33）。

采写：李海燕　侯丹丹

小蜜蜂斩获国家技术发明二等奖

吴黎明

研究员，博士生导师。国家现代农业（蜂）产业技术体系"药物残留与控制"岗位科学家，中国农业科学院科技创新工程"蜂产品质量与风险评估"团队首席科学家，农业农村部蜂产品质量监督检验测试中心副主任。

喜报

中国农业科学院蜜蜂研究所"优质蜂产品安全生产加工及质量控制技术"项目喜获 2017 年国家技术发明奖二等奖。

养蜂大国的科研担当

我国是养蜂大国，蜜蜂饲养量达 900 万群以上，蜂蜜、蜂王浆和蜂胶年产量分别约为 45 万吨、4 000 吨和 350 吨，其中约 1/3 用于出口，蜂产品生产量与出口量均居世界首位。

随着人们健康需求的增长，蜂产品的国内外市场正在逐步扩大。但我国蜂业生产属

蜜蜂

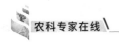
于野外流动作业，蜂群易感病、养蜂生产效率低、产品兽药残留严重，加工技术落后、产品附加值低且品质受损严重，质量检测与控制技术缺乏，一个养蜂大国科研的首要任务就是攻克这些严重制约了我国蜂产业的健康发展和产品提档升级的技术瓶颈。

食品安全大过天

（1）生产安全：科技降低生产蜂群的发病率。增强蜜蜂本身的体质和抗病能力，减少药物使用率，提高生产能力和产品安全性。早春蜜蜂的繁殖直接关系到蜂群整年的生产与抗病能力。项目组通过建立"控制蜂王产卵量和限制工蜂哺育行为"的早春低温繁殖新技术，早春蜂群发病率下降 71.7%、蜂蜜生产能力提高 31.0%。

项目组通过生物诱导和环境诱导，成功突破多王同巢群组建技术，实现了多只蜂王在同一产卵区自由活动、正常产卵，突破了多王同巢越冬和周年饲养的技术瓶颈，攻克了蜂群产卵能力弱的问题。该项技术在实现提高蜂群群势和生产能力的同时，大幅减少了病害的发生和兽药使用量，提高了蜂产品产量和安全性。

（2）加工安全：向科研要食品安全和附加值。创建了蜂胶和蜂蜜高值

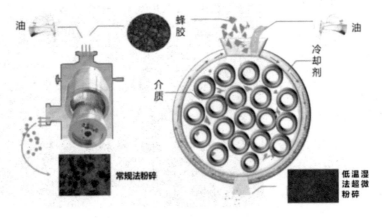

蜂胶和蜂蜜高值化安全加工技术

蜂胶和蜂蜜高值化安全加工技术

化安全加工技术，在提升蜂产品附加值的同时，保证了其安全性。传统蜂胶加工中采用聚乙二醇溶解，长期服用存在安全隐患。本成果创建的蜂胶低温湿法超微粉碎技术，攻克了蜂胶高温下黏性大、难以粉碎的技术难题，实现了用食用油替代聚乙二醇等分散剂，提高了蜂胶食用安全性；减少了萜类等功效组分的损失，生物利用度提高30%以上。

对蜂蜜加工而言，第一步就是要将结晶的蜂蜜化开，常规方法采用热水水浴，蜂蜜品质受损大且易积聚有害物质，本成果研制了气体射流冲击蜂蜜解晶装备和抗结晶蜂蜜生产工艺，降

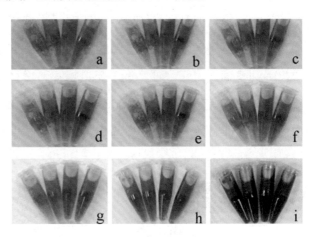

架构系统的评价体系

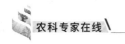

低了蜂蜜加工接触温度和时间，加工后蜂蜜不结晶、不发酵，附加值和安全性大幅提升。

（3）质量安全：架构系统的评价体系。构建了主要蜂蜜的指纹图谱库，发明了 10 种蜂产品品质评价技术，为实现优质蜂产品的质量控制提供了技术支撑。构建了占我国蜂蜜产量 70% 以上的 5 种蜂蜜的指纹图谱库以及主要糖浆指纹图谱，蜂蜜品种识别率达 98% 以上；探明了蜂胶和杨树胶特征组分差异，建立了蜂胶和杨树胶识别新技术并形成国家标准，识别率 100%；建立了蜂王浆新鲜度快速检测方法，实现了 1 分钟定性判定蜂王浆新鲜度；发明了基于 ATP 等 8 种物质变化规律的 F 值评判法，实现了新鲜度准确评价。系列安全评价指标和检测方法的建立和应用，为蜂产品质量安全控制与保障提供了技术支撑。

高科技支撑高收益

历经 10 余载科技攻关，团队突破了多项技术瓶颈，变革了蜂群饲养和蜂产品生产、加工模式，促进了养蜂生产技术水准和产品质量安全水平的整体提高，提高了蜂产品的市场竞争力。通过新工艺及装备，实现了传统蜂蜜、蜂胶工艺技术的革新，引领了蜂产品加工产业科技创新，推动了产业技术升级，提升了我国蜂产业的国际影响和竞争力。

成果应用覆盖 22 个省区市的 1 100 余家养殖、加工、流通和监管单位，受到普遍认可和好评。近 3 年，蜂农新增经济效益 28.05 亿元，企业新增效益 2.31 亿元。为推动蜂产业健康发展，促进蜂产品安全高效生产、增值加工，保障蜂产品质量安全，提高人民健康水平提供了科技支撑。

专家团队介绍

团队名称： 中国农业科学院科技创新工程蜂产品质量与风险评估团队

所属单位： 中国农业科学院蜜蜂研究所

专家介绍： 吴黎明研究员主要从事蜂产品优质高效生产、质量安全与风险评估等方面的研究，带领团队在蜂产品品质评价领域取得重大突破。成果获 2014—2015 年度中华农业科技奖一等奖（省部级）；在蜂产品生产全程控制领域获多项创新，成果获 2014—2016 年度全国农牧渔业丰收奖一等奖（省部级），推广后显著提升了我国蜂产品生产效率和质量安全水平。近几年来，带领团队获各类成果奖 11 项（以第一完成人获省部级一等奖 2 项，三等奖 1 项）。

团队主要研究内容：

1. 蜂产品中主要危害因子风险评估

2. 高效低残留药物筛选和应用技术研究

3. 蜂产品品种和品质识别技术研究

团队主要业绩： 荣获各类成果奖 11 项，包括 2014—2015 年度中华农业科技奖一等奖、2014—2016 年度全国农牧渔业丰收奖一等奖各 1 项，主持国家级或省部级项目近 20 项；发表学术论文 80 余篇（其中，SCI 36 篇）；获授权发明专利 13 项；主（参）编著作 13 部；制定行业标准 5 项。

采写：李海燕　侯丹丹

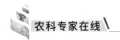
蜜蜂生生不息1亿年，蜂胶功劳大

吴黎明

研究员，博士生导师。国家现代农业（蜂）产业技术体系"药物残留与控制"岗位科学家，中国农业科学院科技创新工程"蜂产品质量与风险评估"团队首席科学家，农业部蜂产品质量监督检验测试中心副主任。

在这个地球上，除了我们人类，蜜蜂也是伟大的社会群体之一。小蜜蜂是地球生物史上，在千千万万生灵中最为成功生存下来的物种之一。

远在 15 000 万年前，蜜蜂就生活在我们这个星球上……

蜜蜂的进化成功，使其能够适应地球上的环境变化的伟大物种之一。蜂胶则是蜜蜂抵御病原微生物侵袭最重要的武器之一，一经被人类发现并利用，便发挥了其神奇的作用。

蜜蜂

科学家研究发现，蜂巢中常年高温高湿，并储存蜂王浆、蜂花粉等营养丰富的物质，但很难发现霉变，就连闯入蜂巢后被蜜蜂蛰死的老鼠、蜥蜴之类的尸体，居然也不腐不臭。蜜蜂到底是靠什么来维持蜂巢内的环境呢？在漫长的自然演变中，聪明的蜜蜂成功地应用蜂胶，保护子子孙孙繁衍不息。人类也从中认识到蜂胶具有杀菌、防腐、消毒等功效，开始研究蜂胶、使用蜂胶！

蜂胶的来源

蜂胶是蜜蜂从植物的芽孢、树皮和茎干伤口上采集的树脂、树液并混入自身上颚腺分泌物加工而成的黏性胶状物。

蜂胶

蜂胶的成分

蜂胶的基本成分：50%~55% 的树脂类、芳香油，30%~40% 的蜂蜡，5%~10% 的花粉。

化学组成多样性：胶源植物不同，蜂胶的组成物质会略有不同。不同的蜂种，偏爱采集的胶源植物不同。蜂胶是一种复杂的混合物，已被鉴定的有 70 多种黄酮类化合物，50 多种芳香酸及芳香酸类化合物，20 多种酚类、醇类化合物，10 多种醛与酮类化合物，10 余种萜烯类化合物，50 多种有机酸和脂肪酸，以及多种氨基酸、维生素等。蜂胶呈黄褐色、棕褐色、少数近似黑色，溶于乙醇（酒精）。全世界 70% 以上蜂胶产自中国，每群蜂每年只能产胶 100~300 克，全国总年产量 300~400 吨。蜂胶是一种"药食同源"的物质，具有明显生理药理作用，人们通常把蜂胶誉为"紫色黄金"。

蜂巢

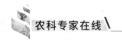

蜂胶与人类健康

防止细胞病变，改善亚健康：人体由 60 亿万个细胞组成，细胞生命周期 120~200 天，人类自然寿命 120 岁而实际平均 71 岁上下，产生这种情况与细胞生态平衡相关，既有营养不均衡，也有外源污染、细菌、病毒的侵袭等。

蜂胶的功效：由国家卫生部和国家中医药管理局主编的《中华本草》列举了蜂胶的 7 大功效：抗病原微生物，镇静、麻醉及其他神经系统作用，促进组织修复，软化疏通心脑血管，保肝护肝，辅助抑制肿瘤，其他作用（消除自由基，促进新陈代谢、调节内分泌）。

天然广谱抗生素

可归纳为六抗、四调、二促进。六抗：抗感染、抗病毒、抗肿瘤、抗氧化、抗疲劳，抗辐射；四调：调血糖、血脂、血压、血稠；二促进：促进天然广谱抗生素免疫力提高、促进组织再生。

早在 3 000 多年前，古埃及人就认识蜂胶，并用蜂胶制作木乃伊；1 000 多年前的阿拉伯医学家阿维森纳，在他的名著《医典》中，记述了蜂胶在治疗箭伤时消毒伤口、消肿和止痛的神效作用；古希腊科学家亚里士多德在传世名著《动物志》第 9 卷第 14 章中指出蜂胶可用于治疗皮肤疾病、刀伤和化脓症；古罗马百科全书《自然史》第 23 卷第 50 章；中记述蜂胶可止神经痛、肌肉硬结肿块和拔除刺进肌体内的异物；印度人用蜂胶治疗热性传染病。

蜂胶可以杀灭原虫、真菌、病毒、细菌，抑制突变、癌变细胞，防止正常细胞癌变，抑制癌细胞增殖，强化机体免疫。

世界主要蜂胶类型

根据蜂胶的植物来源，世界上的蜂胶主要可以分为 5 种类型：杨树型、酒神菊属型（巴西绿蜂胶）、克鲁西属型、血桐属型和地中海地区类型。

爱因斯坦曾预言"如果蜜蜂从世界上消失了，人类也将仅仅剩下 4 年的光阴！"

采写：李海燕　陈莹

一种由猪引发的寄生虫病
——旋毛虫病

付宝权

博士，研究员。中国农业科学院兰州兽医研究所人兽共患病研究室副主任，畜禽重要人兽共患病创新团队首席科学家。

病从口入的寄生虫病——旋毛虫病

旋毛虫病（Trichinellosis）是由毛形属线虫（*Genus Trichinella*）寄生引起的一种危害严重的食源性人兽共患寄生虫病。旋毛虫的成虫和幼虫寄生于同一个宿主内，成虫寄生于小肠，幼虫寄生在横纹肌细胞内。人主要因为生食或半生食含有旋毛虫肌幼虫包囊的肉类而感染，严重时可以致人死亡。旋毛虫病不仅给畜牧业生产、肉食品工业和外贸出口造成严重的经济损失，而且对人类的健康构成严重的威胁，是一个非常重要的公共卫生问题。

这种寄生虫病几乎所有哺乳动物均可感染

旋毛虫目前发现共有 9 个种和 3 个基因型，均可对人致病，其地理分布极为广泛。旋毛虫 *Trichinella spiralis* 的宿主特异性极差，几乎所有哺乳动物均可感染。但是，不同种类的动物对旋毛虫 *T. spiralis* 的易感性不一样，由于其对猪的高感染性，旋毛虫呈世界性分布，也是人旋毛虫病的主要病原。我国已经报道的旋毛虫种有旋毛虫 *T. spiralis*（主要感染猪）和固有旋毛虫 *T. nativa*（主要感染犬）。

通过这些途径，旋毛虫病找上门来

动物多因采食了含有旋毛虫幼虫包囊的肌肉而受感染；人主要是通过食入生肉、半生不熟或烹调时未达到能使肉中虫体死亡的肉而发生感染。在旋毛虫发育过程中，无外界的自由生活阶段，但完成生活史则必须要更换宿主。

这些特征，可能感染了旋毛虫病

（1）家畜：家畜旋毛虫病的临床表现分为肠期和肌期。病猪在肠期可出现急性卡他性肠炎，黏膜出现浮肿性增厚，被覆黏液，黏膜表面形成点状出血和小溃疡。严重感染的猪可出现食欲减退、头尾下垂、磨牙、腹部紧缩、疝痛、拉稀、发热等。病猪在肌期可见发热、发疹、食欲不振、肌痛、运动障碍、发声异常、咀嚼吞咽困难、呼吸困难，不能起立。感染猪营养不良、增重缓慢、明显消瘦。重症患猪可陷入虚脱，并于感染后 2 周左右死亡。感染 6 周后，临床症状开始减轻。

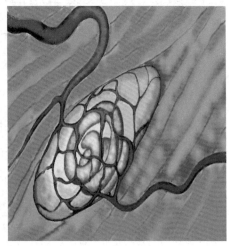

旋毛虫病

（2）人体：人体旋毛虫病的潜伏期最短 1 天，最长 51 天，一般为 5~15 天。潜伏期的长短与疾病的严重程度有关，典型的旋毛虫病全身性综合征（发热、水肿和肌肉疼痛等）出现越早，临床症状越严重。潜伏期之后即为急性或亚急性期，出现典型的综合征及各种并发症。经过治疗后，药物可以杀死旋毛虫，急性病例的恢复很快，一般

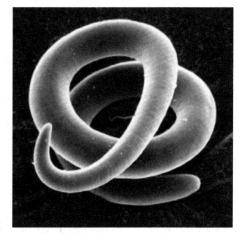

旋毛虫

只需要数天到数周，但是症状完全消失需要较长时间。

急性期患者主要表现为发烧、腹痛、腹泻、面部水肿、肌肉疼痛等全身不适；症状往往持续数周从而造成机体严重衰弱，重度感染者可造成严重的心肌及大脑损伤并可造成死亡。旋毛虫可引起被感染者终身带虫，通常表现为原因不明的常年肌肉酸痛，重者丧失劳动能力。

拉起禁戒线，把旋毛虫病挡在门外

（1）加强肉类检疫：认真贯彻肉品卫生检查制度，加强食品卫生管理。不准未经宰后检疫的猪肉上市和销售；感染旋毛虫的猪肉要坚决销毁，这是预防工作中的重要环节。

（2）病猪肉的无害化处理：目前，我国对旋毛虫病猪的处理依据是《肉品卫生检验试行规程》，实际应用中可用高温、辐射、腌制、冷冻等方法对病猪肉进行无害化处理。高温处理仍是目前最可靠常用的方法。

（3）加强宣传教育：要利用各种渠道和新闻手段，广泛向群众宣传旋毛虫病的危害性及防治工作的重要性。教育群众改变生食或半熟食肉的不良习惯及不卫生活动。烹调、加工猪肉及其制品要彻底煮熟，不吃半生

不熟的肉。贮存、销售猪肉及其制品的店铺、摊点要做到刀、案生熟分开，防止交叉污染。

专家团队介绍

团队名称：中国农业科学院科技创新工程畜禽重要人兽共患病团队

所属单位：中国农业科学院兰州兽医研究所

专家介绍：国际旋毛虫病委员会委员，中国畜牧兽医学会兽医寄生虫学会理事。研究方向为人兽共患寄生虫病，主要包括旋毛虫病、棘球蚴病以及脑多头蚴病等。先后主持或参加国家科技支撑计划项目、国家自然科学基金项目、甘肃省重大科技专项等，获得 2006 年法国陈氏兄弟生物技术科技奖，2011 年甘肃省科学技术进步二等奖（排名第三）、2014 年吉林省技术发明一等奖（排名第三）、发表论文 100 余篇, SCI 收录论文 30 余篇，获得国家授权发明专利 3 项、国际发明专利 1 项。

团队主要研究内容：以动物源性人兽共患病为研究对象，主要针对痘病毒病等病毒病，衣原体病、结核病等细菌病，棘球蚴病、旋毛虫病等寄生虫病防控中的重大科学问题和关键技术，开展病原生物学、病原与宿主、环境互作生态学、宿主嗜性与跨种感染传播、病原遗传演化与预警、疫病防控技术等研究。

团队主要业绩：团队承担"十三五"国家重点研发计划、国家自然科学基金等国家或省部级课题 30 余项。目前已发表论文 300 余篇，其中 SCI 收录论文 50 余篇，已授权发明专利 10 项，实用新型专利 7 项，获得各类成果奖励 10 项。

采写：李海燕　陈莹　侯丹丹

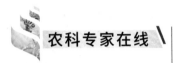

农科专家在线

资源环境

新时代，无膜棉向白色污染说"不"

喻树迅

研究员，博士生导师。中国工程院院士，著名棉花遗传育种家，国家现代农业产业技术体系棉花体系首席科学家。

不忘初心，牢记使命！农科人为推动环境可持续发展提供有力支撑，无膜棉向污染宣战！

棉田里的花儿朵朵开

我国植棉历史悠久，至少有 2 000 年历史。最初是由华南地区传入我国，然后北上逐步在长江流域、黄河流域广泛种植，逐渐替换了原先的丝和麻，成为我国人民的主要衣着原料。

棉花属锦葵科、棉属，是我国最重要的经济作物之一。棉花有 4 个栽培种，即陆地棉和海岛棉 2 个四倍体栽培种以及亚洲棉和草棉 2 个二倍体栽培种。陆地棉是目前农业生产上应用的最广泛的棉种，其种植面积占所有棉花的 95% 以上。目前我国棉花种植主要分为三大棉区：长江流域棉区、黄河流域棉区和新疆棉区，其中新疆棉区占据我国棉

棉花

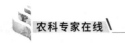

花种植面积的 50% 以上，产量占我国总产的 60% 以上。

曾经的"白色革命"地膜其实没有那么美

为解决干旱和恶劣的自然条件给农业带来的巨大危害，早在 20 世纪 80 年代，新疆开始在棉花上推广地膜覆盖种植技术。实践证明，地膜覆盖可以保墒节水，减少杂草生长，促进植物提早成熟。大力发展地膜覆盖种植技术，不仅有效地解决春旱问题，还可增加积温，在发展农业生产和促进农民增收方面发挥作用。

但随着地膜投入量的不断增加，残留地膜回收率低，土壤中残膜量逐步增加，造成土壤结构破坏、耕地质量下降、作物减产等一系列问题，严重影响农业可持续发展，"白色革命"正在变为"白色污染"。自 1982 年地膜引进我国以来，截至 2016 年，新疆棉田地膜使用量约 150 万吨，已成为全国农膜残留污染最严重的地区之一。

土壤中的残膜不易分解，会改变土壤的物理结构，阻碍土壤自然水的渗透，影响土壤各土层的含水率；同时也会造成土壤营养的恶化，导致土壤有机质、有效氮、磷、钾的下降，严重降低土壤肥力水平；大量地膜的残留也会阻碍棉花主根垂直生长，使根系形态呈现鸡爪形和丛生形等畸形，严重影响棉花生长发育，进而影响棉花的产量。地膜不仅对土壤造成严重污染，而且对棉花纤维品质也有很大影响。

目前，新疆超过 1/3 的棉田实现了机械化采收。机采棉收获过程中收入大量地表、棉株上的碎膜，掺杂在原棉中的碎膜在对原棉加工过程中难以清除，在后续纺织加工过程中也无法彻底清除，严重影响纺织品质量。

地膜走开"中棉619"驾到

无膜棉综合技术能够完全实现不用地膜种植棉花，可以彻底解决残膜污染难题，实现绿色植棉。通过创新育种新思路，培育出特早熟、耐盐碱、耐低温、丰产的陆地棉新品系"中棉619"。"中棉619"是通过丰产、特早熟、耐盐碱、耐低温的四亲本聚合杂交选育而来的，具有特早熟、耐盐碱、耐低温等优点，适合在南疆地区进行无膜种植。

"中棉619"

"中棉619"在南疆地区无膜栽培条件下生育期约120天，相比于地膜覆盖棉花（早中熟棉花品种约135天），可推迟10天左右播种，能有效避免早春时期冷害对棉花的胁迫。"中棉619"耐盐碱、耐低温，在无膜覆盖条件下也能够快速萌发出苗，其出苗率和成苗率与覆膜条件下的出苗率和成苗率无明显差异，不会因出苗率和成苗率影响棉花产量。

生态效益与经济效益并行　无膜棉势不可当

通过无膜棉品种的培育及配套栽培技术的创新，实现了棉花的无膜种植，彻底杜绝了残膜对于土壤的污染和纤维品质的影响，促进了我国植棉观念和模式的改变，对于发展绿色植棉，生态植棉具有重要意义。同时采用政府主导、科研单位和相关企业联合试验示范，在新疆阿克苏、库尔勒、阿拉尔等地建立了无膜棉示范基地，产量达到5 250千克/公顷。无膜种植棉花，每公顷可节省2 200元购买地膜和揭膜费用，实现了"丰产节本环保、综合效益提高"的目标，展现出良好的推广应用前景。

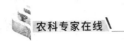
无膜棉 棉花发展新引擎

无膜棉栽培技术生产试验示范田

棉花产业作为新疆的支柱产业，在农业生产中占有举足轻重的地位。新疆农业是绿洲农业，农业生态环境十分脆弱。保护棉田生态，确保棉花种植产业可持续发展，对于新疆乃至全国的棉花产业安全健康发展具有重要意义。经过多年联合试验，无膜棉品种培育及配套栽培措施取得了一定突破，为彻底解决棉田残膜污染创新了具有颠覆性潜力的技术途径，关键技术达到了国际领先水平。

南疆地区拥有将近 2 000 万亩的棉田，无膜棉在该地区进行推广应用大有可为，但是还有很多关键技术要点需要去研究、去攻破、为无膜棉大面积推广奠定坚实基础。

专家团队介绍

团队名称：棉花早熟遗传改良创新团队

专家介绍：喻树迅院士长期致力于棉花短季棉遗传育种研究，先后主持"九五"国家攻关棉花专题、国家"973"计划、国家"863"计划、转基因生物新品种培育科技重大专项等20余项；主持或参加育成棉花新品种25个，累计种植约2.6亿亩，社会经济效益显著；获各种奖励12项，其中国家科技进步一等奖1项（第2名），二等奖3项（两项第1名，一项第 2 名), 省部级奖 8 项; 在《Nature Genetics》《Nature Biotechnology》等期刊发表学术论文 180 余篇, 出版著作 9 部, 培养研究生 100 余名。

团队介绍: 中国农业科学院棉花研究所棉花早熟遗传改良创新团队主要从事早熟棉花品种遗传改良和选育以及棉花生育期和衰老机制的研究。团队选育棉花新品种 25 个, 累计种植约 2.6 亿亩, 社会经济效益显著; 获得国家级或者省部级奖励 12 项。经过多年的团队建设, 棉花早熟遗传改良团队已形成了优势突出、特色明显、在国内具有较大影响的棉花早熟育种和棉花早熟遗传改良研究方向。

采写: 李海燕　侯丹丹

农药停下，韭菜安心吃

张友军

二级研究员。中国农业科学院蔬菜花卉研究所副所长，兼任中国植物保护学会园艺作物病虫害防治专业委员会主任委员，中国昆虫学会药剂毒理专业委员会主任委员，中国农业科学院创新工程"蔬菜害虫防控"首席科学家。

韭菜地

"夜雨剪春韭，新炊间黄粱。"韭菜是中国传统的蔬菜之一，《山海经》中就有关于韭菜的记载，汉朝就出现了用温室种植的韭菜。富含丰富蛋白质、钙、磷、铁、维生素和食物纤维等多种营养物质的韭菜以其独特的香味成为我国广大市民餐桌上的最爱，餐桌上热气腾腾的"韭菜馅儿饺子"享誉中外，让人欲罢不能。

近年来，由于韭菜在我国农产品检测中农药残留超标频次最高，成为质量安全问题最严重的农产品，威胁着人们的身体健康，于是人们常常谈韭菜色变，想吃的不敢吃，想种的不敢种。

美味韭菜缘何常与农药相伴？

韭菜为什么会时常出现农药残留超标的问题呢？问题的根源在于韭蛆。韭蛆是为害韭菜的毁灭性害虫，其以幼虫群集在植株的地下部位为害，受害的植株早期不易察觉，但等地上部位出现症状后再进行防治，为时过晚，最后全株变黄并枯萎死亡。

韭蛆防控现场指导

韭蛆的防治目前仍主要依赖化学杀虫剂灌根，长期大量使用相同类型的药剂导致韭蛆抗药性增强，菜农们往往加大药剂的使用剂量，导致食用韭菜中的不安全事件时有发生。由于人工施药难免使药剂分散不均，接触到药剂的韭蛆死亡，未接触药剂的仍然存活，遇到合适的气候又大量繁殖，并继续为害本地韭菜。生产中迫切需求绿色、经济、高效的韭蛆防治技术。

日晒高温覆膜法驾到，物理方法搞定恼人韭蛆

科学家和种植户积极寻找既环保又行之有效的方法解决韭蛆问题，经过反复实践发现韭蛆具有极其不耐高温的特点，而且成虫的迁移性差，中国农业科学院蔬菜花卉研究所发明了"日晒高温覆膜"防治韭蛆的新技术，在地面铺上透明保温的无滴膜，让阳光直射到膜上，提高膜下土壤温度，当韭蛆幼虫所在的土壤温度超过40℃，且持续3小时以上，则可将其彻底杀死。

该技术不需要任何化学农药，仅需要借助自然界中强烈的太阳光线与塑料薄膜联合作用，提高土壤温度杀死韭蛆。具有操作简单、当

日晒高温覆膜法

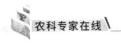

日见效、杀韭蛆彻底、防虫成本低、省工省时、绿色环保、持效期长以及无任何药剂残留等优点。更令人欣慰的是该技术每亩的防治成本仅为化学防治成本的百分之一。

该技术是一种具有革命性、颠覆性的害虫防治新方法，是害虫绿色防控的典范，其应用也将极大地促进我国韭菜产业甚至整个蔬菜产业的发展，极大地增强广大市民对我国农产品质量安全水平的信心。

经济便捷，应用广泛韭菜安心吃起来！

韭菜与韭蛆

日晒高温覆膜法杀虫速度快，仅需要 1 天时间就可将韭蛆全部杀死。因此，可以考虑买 1 张膜反复利用。按每户 10 亩韭菜地计算，买 1 亩地的膜成本 600 元，每天覆膜 1 亩地，用 10 天完成。每张膜保守计算 3 年的寿命，每亩地防蛆成本 600÷10÷3=20 元，旧膜还可以用于冬季盖棚。由于日晒高温覆膜法可以从每年的 4 月底至 9 月中旬使用，为了进一步节省成本，可以与其他农户共同买 1 张膜，这样防蛆成本更低。

日晒高温覆膜法操作简单，韭菜收割后覆膜并四周压土。每块韭菜地只需要 2 人就可以完成覆膜，其中 1 人牵膜，1 人盖土，每亩地约 1 小时完成，即家中若有 2 名劳动力，不需要再请外人。另外，日晒高温覆膜法杀虫彻底，处理 1 次，保守可以管 1~2 年不用再防治韭蛆。因此，成本极低。

该技术已在山东、河北、天津、安徽、甘肃、浙江等多省市示范，防治效果均达到了 100%，效果极为显著，也得到了示范农户与当地农技推广人员的极高评价。

专家团队介绍

团队名称：蔬菜害虫防控团队

所属单位：中国农业科学院蔬菜花卉研究所

专家介绍：张友军研究员长期从事蔬菜害虫发生为害规律、灾变机制及关键防治技术研究。相继主持"863"、国家基金重点项目、国家基金重点国际合作等项目 20 余项，是国家杰出青年科学基金与 3 项国家科技进步二等奖获得者，获国家发明专利 20 项，发表 SCI 论文 122 篇，论文被引 5 200 余次，出版中英文著作 9 部，担任 8 个国际国内著名期刊副主编 / 栏目主编 / 编委工作。

团队主要业绩：中国农业科学院蔬菜花卉研究所"蔬菜害虫防控团队"现有固定人员、博士后、博士以及研究生 30 余名。自"六五"以来，该团队一直牵头主持蔬菜病虫害领域的国家攻关（国家科技支撑）等国家重大项目，是我国蔬菜害虫防控领域的优势团队。该团队立足我国蔬菜产业发展的重大需求，针对为害我国蔬菜的重大害虫，深入系统研究其发生为害规律与灾害机理，并在此基础上开发了系列关键防治技术并在生产中大面积推广应用，为我国蔬菜产业的可持续发展做出重要贡献。团队先后获国家和省部级奖励 12 项，获得专利 20 余项，发表论文 400 余篇。

采写：李海燕　侯丹丹

精准施药　手性识别

郑永权

研究员，博士生导师。现任中国农业科学院植物保护研究所副所长，农业农村部作物有害生物综合治理实验室主任，农业部农产品质量安全生物性危害因子风险评估实验室主任，农业农村部农药应用评价监督检验测试中心（北京）主任、北京农药学会理事长。

　　随着农业发展和社会进步，关于农药的研究也不断创新，科学家们最新研究的农药会越来越向高效低风险方向发展。最终使得农产品质量安全得到保障，生态环境安全得到维护，实现绿色可持续发展。

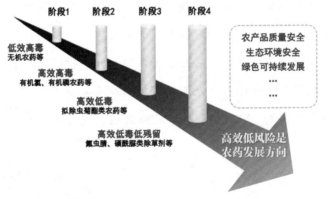

农业发展和社会进步促进农药的不断创新

精准施药　科学家有妙招

　　农药是把双刃剑，其效果很大程度依赖于施用方法。针对当前"选药不当、配药粗放、施药过量"农药施用问题，农药残留与环境行为科研团

发明了科学选药、合理配药、精准喷药的施药技术物化产品，填补国内空白，实现了农药"选、配、喷"环节的风险控制

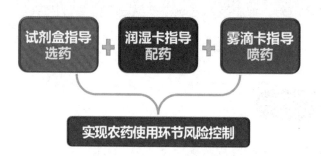

试剂盒指导选药 ＋ 润湿卡指导配药 ＋ 雾滴卡指导喷药

实现农药使用环节风险控制

实现农药使用环节风险控制

队研究构建了以病虫敏感度检测为基础的试剂盒精准选药、药液对靶高效沉积理论指导的农药科学配药、雾滴密度标准卡为核心精准减量喷药的"科学选药、合理配药、精准喷药"高效低风险施药技术，改变农民盲目选药、随意配药和下雨式喷药的不良习惯，减少药液喷施量 30% ~70%。

科研团队发明精准选药试剂盒 26 套和雾滴密度指导卡 12 套，国家授权专利 13 项，为实现我国农药零增长国家战略提供重要物化产品和技术支持。

手性农药风险识别技术打开"高效低毒"的金钥匙

农药具有复杂的化学结构，有时候还会含有多个手性异构体，有点像孪生姊妹，外表长得非常相像，但其实完全是不同的两个人。

类似于该类农药手性异构体的基本的物理化学性状完全一致，但往往毒性差别很大，

高活性 　　　　　低活性

S- 异丙甲草胺　　R- 异丙甲草胺

致突变

手性农药风险识别技术打开"高效低毒"的金钥匙

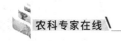

而人们往往对农药异构体不进行区分，当作一种物质来生产和使用，会导致风险评估的不准确。

科研团队通过研究成功创建了手性农药风险识别技术，识别了常用手性农药的隐性风险，提出了其影响农产品安全的关键控制点，为该类农药的生产和使用提供了技术支撑。

专家团队介绍

团队名称：农药残留与环境行为

所属单位：中国农业科学院植物保护研究所

团队主要成员：郑永权，董丰收，刘新刚，徐军，吴小虎

团队主要研究内容：主要从事农药安全性评价、农药科学使用、农药多残留分析、农药残留限量标准制定、农产品和环境中农药污染、控制与修复等方面的研究。

团队主要业绩：在《Environmental Science & Technology》《Journal of Agricultural and Food Chemistry》《Journal of Chromatography A》《中国农业科学》等学术期刊发表论文 270 篇，其中，SCI 收录 120 篇。主编著作 3 部，参编著作 7 部。申请国家发明专利 3 项。获国家科技进步二等奖 3 项，省部级奖 10 项。制定并颁布国家标准 113 项。

采写：李海燕　陈莹　侯丹丹

使用化肥还是有机肥，你问过土地的意见吗

赵秉强

研究员，博士生导师。农业部新型肥料创新团队首席科学家，中国农业科学院肥料及施肥技术创新团队首席科学家。现任中国农业科学院德州实验站站长，中国植物营养与肥料学会副理事长兼秘书长，化肥增值产业技术创新联盟副理事长兼秘书长等。

高投入、高产出、高强度用地条件下，在保障作物高产的同时保护土壤和环境，实现土壤可持续利用是高产体系下我国农业的重大科学命题。

近 30 年，土壤可持续利用面临严峻挑战

传统农业施用有机肥、豆科固氮、轮作换茬，虽历经 5 000 年，地力常新壮，土壤可持续利用；现代农业高投入、高产出、高强度用地经过 30 年，虽带来了作物的高产和品质的提升，而与此同时土壤酸化、次生盐渍化、土壤功能退化、环境污染等问题造成土地肥力下降，严重制约了我国农业的可持续发展。土地无言，却付出太多代价。

三十年磨一剑　精准技术一箩筐

在粮食增产与环境保护双重压力下，高效利用有机肥资源、替代部分化肥、促进化肥减量施用是实现生产与生态协调和农业可持续发展的重要途径之一。到底如何来实现化肥减量、绿色增产？中国农业科学院德州实验站 30 年肥料定位监测试验，几十年磨一剑，成果丰硕。

（1）单纯施用化肥环境不堪重负：长期超量施用化肥可保障作物的

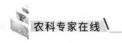

高产、品质以及土壤肥力，但肥料损失严重，环境问题突出。

(2) 单纯施用有机肥高产目标短期难获得：有机肥供氮能力弱，100％施用有机肥短期内不易获得高产。等氮量投入条件下100％施用牛粪有机肥，前15年冬小麦产量低于化肥，夏玉米前5年低于化肥，之后产量与化肥相当。

(3) 有机与无机科学匹配 破解"高产—施肥—环境"矛盾：有机无机相结合可取长补短，为建立科学施肥制度提供了理论依据。

有机与无机科学匹配

有机肥替代50％化肥处理冬小麦、夏玉米产量和品质与化肥处理相当或高于化肥，高产与优质同步；土壤肥力较化肥处理得到明显改善，土壤有机质含量提高43％，全氮含量提高38％；有机肥替代50％化肥处理农田氨挥发和氧化亚氮排放量较化肥降低30％，土体硝酸盐累积量降低43％。

监测结果表明：50％化肥＋50％有机肥配合施肥，是破解高产施肥环境矛盾，实现高产优质、土壤培肥与环境保护协调发展的有效途径。

给粮食做"粮食"，粮食增产，土地很开心

肥料是粮食的"粮食"，化肥为保障我国粮食安全做出了巨大贡献的同时，也产生了一系列影响生态环境的负面效应，引起社会广泛关注。发展新型高效肥料，通过"提质增效"实现化肥减量是破解"高产—施肥—环境"之间的矛盾，实现绿色增产的又一战略途径。

中国农业科学院新型肥料创新团队协同德州实验站，以"十年磨一

剑"的精神建立"载体增效制肥"新理念，研制了锌腐酸、发酵海藻液、聚合氨基酸等生物活性增效载体；创立了利用生物活性增效载体提升化肥产品性能与功能；开发了高效肥料新产品的技术途径；开拓了增值肥料新产业。

科研团队研究发明的增值尿素、增值磷铵、增值复合肥料等系列新产品的效果相比农民常规栽培技术使黄淮海平原冬小麦、夏玉米增产潜力可以达到25%~30%。其产能超过1 000万吨，产量500多万吨，推广面积过亿亩，增产粮食45亿千克。

中国农业科学院德州实验站30年肥料定位监测试验基地

中国农业科学院德州实验站水稻基地

陈萌山书记嘱语

做到科学施肥，一个重要措施是要把中国传统的农耕文明与现代的科学施肥结合起来，把化肥和有机肥结合起来，实现化肥有机替代，逐步减少化肥使用量，实现作物绿色增产。另一个重要措施是要改造现在的肥料，发明新型肥料，实现化肥增效限量。通过"提质增效"实现化肥减量是破解环境矛盾，实现绿色增产的一个便利途径。

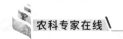

专家团队介绍

团队名称： 农业部新型肥料创新团队

所属单位： 中国农业科学院农业资源与农业区划研究所

专家介绍： 赵秉强研究员在新型肥料和施肥制度领域主持国家重点研发计划项目、国家"863"计划课题、国家科技支撑计划课题、欧盟国际合作项目等大型科研任务。曾荣获农业部农业科研杰出人才、国家科技进步二等奖、北京市科技进步二等奖、中国专利优秀奖等9个奖项。主编出版著作22部，发表学术论文190多篇，授权国家发明专利26项，主持制定企业／行业相关标准20余项。

团队主要研究内容： 围绕"生物活性增效载体与增值肥料研制""缓／控释肥料技术工艺与设备""功能载体与功能水溶性肥料研制""有机无机复混肥料研制"开展新型肥料研制、标准制定、产业化和施用技术研究。

团队主要业绩： 近5年，团队授权国家发明专利26项，美国发明专利1项；主持制定行业标准3项，企业标准50余项；出版专著22部、发表论文100余篇；获得国家科技进步二等奖1项、农业部（现为农业农村部）神农中华农业科技奖二等奖1项、北京市科技进步三等奖1项、中国农业科学院科技成果二等奖2项、中国发明专利优秀奖2项。

采写：李海燕　侯丹丹　陈莹

点石成金？"链融体"模式破解养殖业废弃物环境污染难题

李金祥

博士。中国农业科学院党组成员、副院长。

畜禽废弃物的"污"与"废"，危害性巨大且资源潜力巨大，是放错地方的"资源宝库"，已经成为社会普遍的共识。加快推进畜禽养殖废弃物处理和资源化，意义重大而深远。

畜禽粪污处理利用事关重大

我国畜禽养殖每年产生粪污 38 亿吨，折合氮 1 423 万吨、磷 246 万吨，而目前综合利用率不足 60%，导致了严重的农业面源污染。据行业统计，2014 年规模畜禽养殖化学需氧量、氨氮排放量分别为 1 049 万吨、58 万吨，占当年全国总排放量的 45%、25%，占农业源排污总量的 95%、76%。

畜禽养殖废弃物，垃圾还是宝藏？

畜禽养殖废弃物具有强烈的两面性，即是矛盾对立的两个方面：一方面是"污"，如果无害化处理及资源化利用不妥，畜禽废弃物就是严重的环境污染源；另一方面是"宝"，如果无害化处理及资源化利用得当，畜禽废弃物就是宝贵的自然资源。

做好畜禽粪污处理与利用工作，既可以实现零污染、零排放，促进农

业全产业链清洁生产；也可以实现废弃物的资源化，促进有机肥对化肥的有效替代，真正做到"变污为净""变废为宝"和绿色生产。

畜禽粪便资源化利用技术——达标排放模式

延长养猪产业链条，生猪粪污找到"新出路"！

"链融体"模式立足生猪养殖产业，不断向上下游延长产业链条，形成种植、饲料、养殖、屠宰、能源环保五大产业相互融合的有机体。"链融体"内部风险共担、成果共享，取得了"三增三减"（增加沼气、电力、有机肥供应，减少养殖、农林、化学污染排放）的良好成效，解决农业废弃物污染的问题。

通过推动由单一养殖向种养结合转变、由种养结合向第六产业转变，延长了生猪养殖产业链，构建了生猪产品供应链，形成了生猪产业价值链，使生猪养殖者、作物种植者、饲料与肉类加工者、能源生产者成为一个利益整体，有效解决了畜牧养殖所引起的正的和负的外部效应问题，推动有关市场主体共享全产业链条各环节所带来的平均利润。

"链融体"链起来的产业融合

（1）推动种养结合：大力推广种养结合的"8020"模式，以100亩为1个生产单元，20亩用于生猪养殖场建设，80亩用于特色种植，猪粪发酵还田，促进种植业增产增效。

（2）推动机制创新：成立养殖合作社和农机合作社，促进合作社成员养猪增收，同时节约种地成本，带动人员就业，增加农民可支配收入。

（3）推动产业融合：依托养猪产业，前拓后延而形成的种植、饲料、养殖、屠宰、能源环保等五大产业，具有天然的融合性，既相互独立、自我发展，又不断交叉、相互渗透，深度融合成为了一个有机体即"链融体"。

畜禽粪便资源化利用技术——集中处理模式

发展循环经济，实现畜牧业绿色发展

通过推动由养殖污染到延长产业链条，解决农业废弃物治理转变，实现了农业清洁生产、绿色发展，形成了良好的循环经济发展模式。

（1）畜禽废弃物资源化：沼气发电厂采用低浓度有机废水高效厌氧发酵技术，同时对生物天然气提纯，可发展成为利用畜禽粪污并网发电的沼气发电企业。

畜禽粪便资源化利用技术——清洁回用模式

（2）农林废弃物能源化：生物质热电厂采用热电联产技术，建立秸秆供应合作社和收购点。带动农民参与，提高秸秆综合利用率，大幅提高新增产值。

（3）污水处理、中水利用：污水处理厂采用微生物回流技术，利用PPP模式，养殖场和城镇生活污水处理后达到国家一级A类处理标准。

立足生猪养殖基础，强化资源化核心地位，延伸产业链条，形成了多产业链相互融合的有机体即"链融体"模式，对于化解农业发展资源环境压力、解决农业面源污染、确保畜产品数量和质量安全、加快农业供给侧结构性改革，意义重大而深远。

采写：李海燕　侯丹丹

农科专家在线

食品营养

为什么说牛奶是最接近完美的食物

王加启

研究员，博士生导师。国务院食品安全专家委员会委员，动物营养学国家重点实验室主任，第四届国家食物与营养咨询委员会委员，农业农村部奶产品风险评估实验室（北京）主任，农业农村部奶及奶制品质量监督检验测试中心（北京）主任。

《医学入门》（李梴，1624 年）记载"牛乳为上品，羊次之，马又次之，而驴乳性冷，不堪入品矣。"牛奶被人们誉为"最接近完美的食物"，有"白色血液"之称，是理想的天然食品。您知道有哪些科学根据吗？

营养成分契合人类所需

人乳与牛奶的总固形物、脂肪、总能等的组成最相似。因此，牛奶无论是营养成分，还是气味和医学价值都与人乳最接近。

不同物种奶的营养成分见下表。

种类	总固形物	脂肪	蛋白质	乳糖	灰分	总能 (kJ/kg)
人	12.2	3.8	1	7	0.2	2763
牛	12.7	3.7	3.4	4.8	0.7	2763
山羊	12.3	4.5	2.9	4.1	0.8	2719
绵羊	19.3	7.4	4.5	4.8	1	4309
猪	18.8	6.8	4.8	5.5	0.9	3917
马	11.2	1.9	2.5	6.2	0.5	1883
驴	11.7	1.4	2	7.4	0.5	1966
驯鹿	33.1	16.9	11.5	2.8	1.5	6900
驯养家兔	32.8	18.3	11.9	2.1	1.8	9581
野牛	14.6	3.5	4.5	5.1	0.8	-
印度象	31.9	11.6	4.9	4.7	0.7	3975
北极熊	47.6	33.1	10.9	0.3	1.4	16900
灰海豹	67.7	53.1	11.2	0.7	0.8	20836

不同物种奶的营养成分（%）

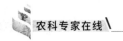

活性物质助力人类健康

学术界公认的牛奶中生物活性物质主要有：乳清蛋白、磷酸肽、低聚糖、共轭亚油酸、神经节苷脂、鞘脂类、乳矿物质、生长因子和核苷酸等500多种。其中乳清蛋白富含必需氨基酸，是一类营养价值较高的优质蛋白质，含有 α- 乳白蛋白 (α-LA)、β- 乳球蛋白 (β-LG)、乳铁蛋白 (LF)、糖巨肽 (CGMP) 等多种活性成分。

这些活性成分具有免疫调节、降血压、降血糖、降胆固醇、抗氧化、抗菌和抗病毒等生物活性。牛奶中还含有游离氨基酸，对维持婴儿的生长和健康具有重要的作用。

生物学角度探秘牛奶优势

从生物学角度来说，不论是牛乳还是人乳，都是为哺育下一代婴儿由母体分泌的，母乳中含有婴儿生长所需的一切营养成分（能量、蛋白质、维生素甚至免疫抗体等）。对新生儿来说，在最初一段时期内只需饮用母乳就能健康成长，不需要其他食物。随着身体器官的发育，营养需要不断增加，就需要逐步锻炼适应其他食物。

奶牛和人类具有相似的繁育后代的生物学规律。在婴儿离开母体之前，都是通过脐带由母体供给营养，满足发育的营养需要；离开母体之后，都是通过乳汁这一无形的脐带供给营养和活性物质，满足发育和抵御外界病菌的需要。

根据法国生物学家拉马克《动物学哲学》中用进废退的原理，经过上万年的进化，牛乳已经非常适合犊牛全面的营养需要。现代分析学已证明人乳与牛乳成分的相似成分很高，因此从生物学角度来说，可以认为奶尤其是牛奶是很接近于人类"全价食物"模式的一种食物。

奶牛产奶量高，易于获得和保存

在人类驯养的哺乳动物中，奶牛是产奶量较高的物种之一，并且奶牛在不同的环境下都能饲养，这使人类比较容易大量获得牛奶。

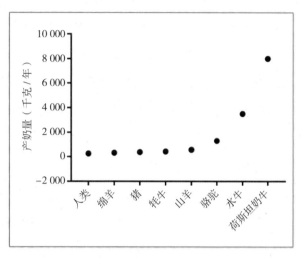

不同驯养哺乳动物产奶量

专家团队介绍

团队名称：中国农业科学院北京畜牧兽医研究所奶业创新团队

所属单位：中国农业科学院北京畜牧兽医研究所

专家介绍：王加启研究员从事奶牛营养与牛奶质量安全研究。研究饲料营养与瘤胃微生物群落互作关系，探讨热应激影响奶牛机体代谢和牛奶品质的机理，解析奶牛乳腺中乳成分合成的信号通路，阐明牛奶重要营养品质形成的机理；开发奶产品危害因子的高通量检测技术；开展奶产品中霉菌毒素、重金属、兽药残留等危害因子的风险评估，探讨危害因子对细胞的毒性分子机理。

团队介绍：中国农业科学院北京畜牧兽医研究所奶业创新团队（Milk Research Team, MRT）是首批入选中国农业科学院科技创新工程的团队，现建有农业农村部奶业技术研究实验室、农业农村部奶及奶制品质量监督检验测试中心（北京）、农业农村部奶产品质量安全风险评估实验室（北京）、科技部奶业国际联合实验室和中国农业科学院奶产品质量安全风险评估研

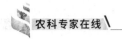

究中心。

　　团队现有成员 51 人，其中研究员 2 名，工程师 2 名，副研究员 4 名，助理研究员 2 名，检测技术人员 9 名，博士后 6 名，博士生 10 名，硕士生 16 名。

　　团队主要业绩：团队以奶产品质量安全为核心，致力于奶牛健康养殖与牛奶品质形成机理、奶产品质量安全检测技术与方法、奶产品质量安全风险评估 3 个领域的研究。团队同时开展农业农村部生鲜乳质量安全监测和液态奶中复原乳监测等政府任务工作。

　　近年来承担国家"973"计划、国家自然科学基金、农业农村部奶产品质量安全风险评估以及公益性行业（农业）科研专项等项目。获得国家科技进步奖二等奖 2 项、省部级奖励 8 项，发表 SCI 论文 70 余篇，中文文章 300 余篇，主编书籍 4 部，制定国家／行业标准 6 项，获得授权发明专利 10 项。

采写：李海燕　　侯丹丹

张泓解读马铃薯主食加工

张 泓

研究员，中国农业科学院农产品加工研究所中式食品加工与装备创新团队首席科学家，农业农村部农产品加工专家委员会委员，农业农村部农产品加工标准化委员会装备分会副主任委员，"全国主食加工产业科技创新联盟"和"全国马铃薯主食加工产业联盟"常务副理事长兼秘书长。

马铃薯作为主食适宜超重、肥胖、高血压以及高钠低钾等人群食用，符合我国居民营养需求，同时增加稻谷和小麦中缺乏的维生素 A、维生素C，增加钙、钾、铁、膳食纤维等营养成分，提高膳食质量。

产业开发主线和总体目标

马铃薯主食产品及产业开发受到党和国家领导高度重视。习近平总书记专门批示，国务院常务会提出"实施马铃薯主食加工提升行动"。农业部在 2016 年年初发布了《关于马铃薯产业开发的指导意见》，明确了"营养指导消费，消费引导生产"的马铃薯主食产业开发的主线和实现"马铃薯产业由原料生产向加工产品生产、由副食消费向主食消费、由温饱型消费向营养健康型消费转变"的总体目标，着力培养大众消费营养健康马铃薯主食的习惯，积极培育和拓展市场。

主食化的优势

马铃薯是蔬粮兼用的全营养的食品原料，具备热量低、营养丰富、蛋白优质等诸多优点。全面推进马铃薯主食化进程是提高我国居民膳食营养水平、优化农业种植结构、突破资源环境刚性约束、引领农业升级换代、转变农业增长方式、加速推进现代农业发展、促进产业融合、造福亿兆民生的重大举措。

主食化的难点和关键

当前马铃薯产业存在产品消费渠道单一、主食化品种缺乏、加工率低、人均消费量低、产业链整体效益低等突出问题。而马铃薯主食产品加工中存在黏度大、成型难、易断条等技术难题。开展马铃薯主食化加工，一端连接消费，一端连接生产，是产业转型升级的重要路径。而马铃薯主食加工技术与装备研究与创新，是实现马铃薯主食化的难点和关键。

攻坚克难 筛选出 10 余个主食加工专用品种

针对马铃薯主食加工中技术难度大、缺乏加工装备、原料营养研究支持不足、缺乏专用品种等问题，张泓团队现已突破马铃薯面团降黏成型技术、二次熟化强筋技术、多维复合压延技术、双螺杆多场复合挤压技术等，筛选出马铃薯主食加工专用品种 10 余个。

102 项专利，150 余种新产品

专家团队建立了马铃薯主食营养评价、马铃薯占比检测等方法，申

马铃薯加工食品——冷切面

马铃薯加工食品——米粉

马铃薯加工食品——饼

马铃薯加工食品——粽子

马铃薯加工食品——薯饼

马铃薯加工食品——麻花

报专利 102 项，制定马铃薯主食系列标准 7 项，开发马铃薯面条、米粉、复配米、年糕、馕、月饼等系列新产品 150 余种。

产业化所需装备及推广前景

专家团队创制一体化仿生擀面机、工业化马铃薯面条生产线、工业化马铃薯多纳圈生产线、主食复配粉生产线等成套化装备。相关成果已经在甘肃、陕西、河北、黑龙江等马铃薯主产区和主消费区转化，有力地主导和

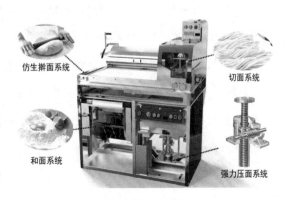

马铃薯加工机械

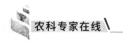

支撑了国家马铃薯主食化科技研发与推广工作，在全国已形成燎原之势。

主食化产业的经济社会价值

马铃薯主食化产业具有重要的经济、社会价值，前景十分广阔。张泓预测，主食战略有望拉动马铃薯产量达到 2.2 亿吨，按 3∶1 折粮达 7 300 万吨，将进一步提高我国粮食供给能力；同时将促进一二三产业融合发展，带动农产品加工业增加值有望超过 3 000 亿元；按照马铃薯每亩效益增加 300 元测算，1.5 亿亩的播种面积，薯农种植马铃薯纯收入有望增加 450 亿元。

专家团队介绍

团队名称：中国农业科学院科技创新工程中式食品加工与装备团队

所属单位：中国农业科学院农产品加工研究所

团队主要研究内容：中式传统菜肴和马铃薯主食化产品的品质形成机理与调控、工程化加工关键技术与装备研发和工业化生产线的集成配套与示范研究。

团队主要业绩：团队承担"十三五"国家重点研发计划、国家自然科学基金、国家科技支撑计划等国家或省部级课题 20 余项，承担"全国主食加工科技创新联盟"和"马铃薯主食加工产业联盟"秘书处工作，团队建有"中国农业科学院农产品加工研究所主食加工技术研究院（哈尔滨）"。目前已授权发明专利 50 项，新型专利 33 项，软件著作权 1 项；发表论文 100 余篇；出版专著 6 部；制定标准 5 项；创制中式传统食品加工装备 10 余台（套），集成自动化生产线 16 条；获取社会奖励 3 项，农业部十大科技创新推广成果奖 1 项。

采写：李海燕　陈莹

7D 加工技术，高品质菜籽油的正确打开方式

黄凤洪

二级研究员，博士生导师。中国农业科学院创新工程油料品质化学与营养创新团队首席科学家。现任国家油菜工程技术研究中心副主任、油料油脂加工国家（地方）工程实验室主任、国家油菜现代产业技术体系产品加工与品质检测室主任。

油菜是我国第四大农作物，常年种植面积约 1.1 亿亩，总产约 1 200 万吨，是国产食用植物油的第一大来源。国产油料作物产油量中油菜占 50% 以上，是维护国家食用油供给安全的重要保障。目前，慢性疾病成为危害居民健康的主要因素，高品质油脂需求市场随之快速增长。

菜籽油那么好，你知道吗？

菜籽油就是我们俗称的菜油，又叫油菜籽油，是用菜籽加工出来的一种食用油。菜籽压榨油常有辛辣刺激气味，民间又叫作"菜青味"。

（1）优质菜籽油饱和脂肪酸含量仅为 7%，在所有食用油中含量最低；不饱和脂肪酸含量高达 90% 以上，具有最佳的脂肪酸组成，是大宗健康食用油；有利于减轻心血管疾病的发病风险。

（2）油菜籽油中所含有的亚油酸等不饱和脂肪酸能很好的被人体吸收，具有延缓衰老、软化血管之功效。

（3）油菜籽油富含维生素 E 等天然活性成分，对血管、神经、大脑的发育都能起到促进作用。

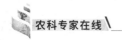
小心，劣质菜籽油加工的那些坑

（1）高温长时、能耗炼耗大、三废（废水、废气、废渣）排放大。

（2）过度加工使产品活性成分损失严重、有 TFA 及苯并芘等风险因子。

（3）资源利用水平低、影响油菜生产效益。

7D 加工技术，高品质菜籽油的正确打开方式

加工装备

中国农业科学院油料作物研究所研制出了高品质浓香菜籽油 7D 产地绿色高效加工技术和装备，包括原料精选、微波调质、低温压榨、绿色精炼、生香与风味保持、全程自控和质量管理等具有自主知识产权的国际先进技术装备。

实现了轻简、绿色、低耗、高效等特点。

（1）使工序减少 50% 以上，节省投资。

（2）物理压榨、精炼，无化学添加，无三废排放。

（3）能耗降低 20% 以上，生产成本减少 30% 以上。

（4）产品得率高、生产自动化、工艺模块化、产品质量稳定。

（5）生产的高品质浓香菜籽油香味浓郁、色泽纯正、口感好、富含多种活性功能营养成分。

开启高品质菜籽油新时代，产品具有营养、安全、色香味形兼具等特点

(1) 营养：富含菜籽多酚，新型菜籽多酚 canolol 含量达 800 毫克/千克以上，是市售同类产品的 2~8 倍；富含天然维生素 E 和植物甾醇，天然维生素 E 含量达 500 毫克/千克以上，植物甾醇含量高达 6 000 毫克/千克，显著高于市售同类产品。

菜籽油

(2) 安全：FFA、苯并芘等风险因子未检出。

(3) 色香味形：具有浓郁独特焙烤风味，杂环类风味物质（烤香）含量提高 50%，色泽纯正口感香浓。

(4) 功能活性显著：能够显著改善血脂、肝脏脂质蓄积，增加血浆抗氧化水平，降脂活性提高 10%，抗炎活性增加 30% 以上。

(5) 产品储藏稳定性好：110℃氧化诱导期超过 15 小时，货架寿命是市售同类产品的 1.3 倍以上，氧化稳定性显著优于同类产品。

专家团队介绍

团队名称：油料品质化学与营养优秀创新团队

所属单位：中国农业科学院油料作物研究所

专家介绍：黄凤洪主要从事油料加工技术与方法的研究及应用，在油料品质特性与功能因子发掘、脂质高效制备与分离纯化、脂质营养代谢与功能产品创制、油料生物转化与高值化利用等领域取得了显著进展。主持

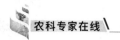

国家重点研发项目、国家"863"计划重点项目和国家自然科学基金、国家公益性行业科技专项等项目。

团队介绍：团队主要围绕油料安全、营养、低耗、高效、智能及高质化、多元化加工利用，开展油料加工公益性、基础性、前瞻性和产业关键技术的系统研究。创新油料加工理论、技术、产品与集成转化模式为油料产业提质增效提供产品安全、产出高效、资源节约、环境友好提供系统解决方案；为国家食用油安全、油料三产融合与可持续发展、农民增收提供科技支撑。

采写：李海燕　陈莹　侯丹丹

一颗大豆何以支撑豆制品庞大家族？
各种豆类加工高精尖技术抢先看

王凤忠

博士生导师，研究员。中国农业科学院农产品加工研究
所副所长，兼任农业农村部农产品加工质量安全风险评估
实验室（北京）主任。

高新加工技术的应用，使大豆食品的新产品不断出现，应用领域不断
被拓宽。

生物工程技术

通过遗传工程和酶工程，改进大豆原料和大豆制品的功能性质，拓
宽大豆在食品工业的应用领域。采用蛋白酶对大豆蛋白进行水解制备大
豆肽，使大豆蛋白的营养和附加
值进一步提高，且经过水解后的
小分子肽溶解性、流动性和热稳
定性大大提升，而且在体内吸收
快、利用率高，可以迅速发挥保
健功效。

在此基础上，从大豆副产物
豆粕中，酶解制备降压活性大豆
肽，复配为肽盐开发提供原料。

大豆调味（生物工程技术）

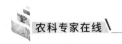

超高压处理技术和辐照技术

广泛应用于传统豆制品的杀菌，是在达到延长产品的货架期目的的同时，保证食品味道、风味和营养价值不受或很少受影响的一种新兴加工技术。

很多对热敏感的果蔬饮料和豆浆等液体产品采用超高压处理会取得很好的效果，而辐照灭菌除了在蛋白粉上应用以外，以后也有望在豆酱，千张等传统豆制品上广泛的应用，以达到不添加化学防腐剂而延长保质期的目的。

微波技术

目前，已经在大豆加工中应用比较广泛，例如采用微波技术加工膨化大豆粉和微波辅助提取大豆功能性成分，尤其是利用微波技术对大豆食品的脱腥现在应用的比较广泛，干法脱腥技术生产的豆粉是我们日常生活中必不可少的一种豆制品。

利用此技术，实验室开发出"新型脱水—复水冻豆腐"产品，解决了传统冻豆腐冷链运输成本高、货架期短等生产问题。

膜分离技术

利用具有分离差异化分子量的多孔介质进行分离的技术。用于食品工业，始于 20 世纪 60 年代末，最初膜分离技术被应用于乳品加工和啤酒无菌过滤，随后逐渐被用于果汁、饮料加工，酒类精制等方面。在大豆加工方面除了用于大豆蛋白的分离和回收，低聚糖和磷脂的纯化等方面外，目前，还有科学家把它用于黄浆水中功效成分的浓缩。

根据大豆蛋白活性肽分子量差异，用膜分离技术筛选出具有降尿酸功效的活性肽段——露那辛，开发适宜痛风患者食用的佐餐食品。

超临界流体萃取技术

以超临界流体为溶剂，从固体或液体中萃取可溶组分的分离操作。目前，超临界流体萃取已被广泛应用于从石油渣油中回收油品、从咖啡中提取咖啡因、从啤酒花中提取有效成分等工业生产中。在大豆加工中主要用于大豆皂苷、低聚糖、磷脂和维生素 E 等生理活性成分的提取、分离和纯化。

挤压膨化技术

一种集混合、搅拌、破碎、加热、蒸煮、杀菌、膨化及成型为一体的现代加工技术。在我们日常生活中主要用来加工休闲食品和早餐谷物食品等常见食品，在大豆加工中主要用于生产组织蛋白、拉丝蛋白等植物肉（素肉）和饲料等产品。

大豆拉丝蛋白（挤压膨化技术）

植物肉（素肉）（挤压膨化技术）

根据大豆蛋白的凝胶特性，模拟肠道微生物消化吸收，开发出提高大豆活性成分异黄酮消化吸收率的植物蛋白素肉产品。

微胶囊技术

微胶囊技术利用天然或合成高分子材料，将分散的固体、液体、甚至

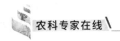

是气体物质包裹起来，形成具有半透性或密封囊裹的微小粒子的技术。

包裹的过程即为微胶囊化，形成的微小粒子称为微胶囊。在食品工业中该技术可改善被包囊物质的物理性质，使物质免受环境的影响，具有提高物质稳定性、屏蔽不良味道和气体等作用。目前，许多食品添加剂中的香精香料都采用该技术以延缓其风味物质的挥发。

实验室利用微胶囊包埋技术，成功解决蛋白质饮料的易分层、稳定性差、口感不良等问题。

超微粉碎技术

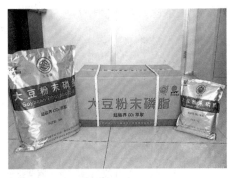

粉末磷脂（微胶囊化超临界萃取大豆油）
（超微粉碎技术）

一种将物料粉碎成直径小于10微米粉体的高科技含量的工业技术，可分为固态粉碎和液态粉碎两种，固态粉碎在大豆加工中主要用于生产超微蛋白粉或纤维素粉等产品。液态粉碎主要用于加工植物蛋白饮料，我们经常食用的豆浆就是典型的液态粉碎技术的应用产品。

蛋白改性技术

目前，常用的蛋白质改性技术有物理改性、化学改性、酶法改性等。通过适当的改性技术，可以获得较好功能特性和营养特性的蛋白质，拓宽蛋白质在食品工业中的应用范围。

专家团队介绍

团队名称： 食品功能因子研究与利用创新团队

专家介绍：主持"高原特色农产品加工技术与开发""食品功能因子研究与利用"、国家农产品加工质量安全风险评估专项、国家现代农业产业技术体系大豆加工岗位专家等各类项目 20 余项，在《Journal of Agricultural and Food Chemistry》等发表学术论文 70 余篇，主编《特色果品加工》《HACCP 认证与百家著名食品企业分析》等书籍 5 部，授权国家发明专利 40 余项，制定农业行业标准 4 项，研制青稞产品、牦牛产品、特色资源功能食品、新型大豆产品、发酵食品等 70 余种，培养博士后及研究生 25 名。

团队介绍：食品功能因子研究与利用创新团队旨在"强化食物功能营养，降低患病风险，提高人类生活质量"。利用分离纯化、分析检测技术，探究分析食物中营养性功能成分，系统构建功能性因子数据库；开展食物中营养成分的组成及平衡性、活性物质的功能及安全评估等基础性研究；开展功能食品的制作与配伍技术研究；揭示食物在生物性、物理性、化学性加工过程中营养组分的变化、定量构效关系等规律和机制，探索新的营养品质调控途径。针对我国大宗农产品大豆以及药食同源特色农产品，研发有益于人体健康的功能特膳食品，实现食物加工过程的营养均衡、功效明确、标准统一，满足快节奏生活人群的健康需求。

采写：李海燕　陈莹　侯丹丹

叶酸不只与孕妇有关

张春义

研究员，博士生导师。中国农业科学院生物技术研究所副所长，中国农业科学院协同创新行动及生物技术研究所创新团队首席科学家。

有一种食物营养强化剂，名字叫叶酸

叶酸（folates）是一类水溶性B族维生素，包括四氢叶酸（tetrahydrofolate, THF）及其衍生物，是动植物体中参与C1转移反应的重要辅酶，在嘌呤、胸苷酸、DNA、氨基酸和蛋白质的生物合成以及甲基循环中发挥重要作用，也是动植物体生长发育所必需的微量营养素。人类中缺乏形成碟啶的关键酶GTPCHI和形成pABA的关键酶ADCS，所以人类无法自身合成叶酸。WHO推荐叶酸每日摄入量为400微克，特殊人群为600~800微克。

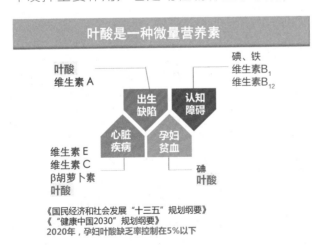

叶酸是一种微量营养素

人类自身无法合成叶酸，找叶酸，问它们

叶酸不能在人体内合成，只能从膳食中摄入。深绿色蔬菜、柑橘类水果、豆类、坚果、动物肝脏等食物内富含天然叶酸。天然叶酸的生物利用率低，只有人工合成叶酸的 60% 左右。药物、增补剂、强化食品内添加的叶酸多为人工合成叶酸。

叶酸是怎样诞生的？

叶酸由蝶呤环、甲氨基苯甲酰环和谷氨酸尾组成，它是一大类具有这样结构的类似化合物的总称。这些化合物之间的区别主要是由于蝶呤环的 N5 和甲氨基苯甲酰环上的 N10 位上的修饰不同而形成的。

这些修饰包括甲基、甲酰基、亚胺甲基、N5 和 N10 之间还可以形成亚甲基和次甲基。叶酸的谷氨酸尾数目可以是 1 个到多个不等，数目多少会影响参与的酶反应活性的强弱。

叶酸在人体中是怎样工作的？

在人类中叶酸通过进入人类的血液系统进而在全身都有分布，它主要参与 4 大类代谢过程。

首先，是一碳代谢的相互转换，进一步参与嘌呤和蝶啶的合成。其次，5-M-THF 可以参与维生素 B_{12} 的形成。

再次，是在 5-M-THF 和维生素 B_{12} 的共同参与下，5-M-THF 作为甲基供体，形成腺苷甲硫氨酸，进一步参与 DNA 甲基化和含硫氨基酸的合成。

最后，是在消化食物中的胆碱、甜菜碱的时候，甲叉亚甲基四氢叶酸全程参与甘氨酸的裂解过程。

叶酸缺乏会使上述 4 个过程都受到干扰而导致人类的各种表型。

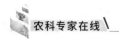

人体叶酸代谢基因突变与疾病

基因	突变	生理变化	疾病
MTHFR	C677T A1298C,	血清叶酸和 B_{12} 水平降低，基因组甲基化水平降低，同型半胱氨酸升高	乳腺癌，结肠癌，胃癌，头颈癌，急性淋巴细胞白血病，冠心病，神经管缺陷，抑郁症，染色体异常
MTRR	A66G	同型半胱氨酸升高	乳腺癌，头颈癌，急性淋巴细胞白血病，唐氏综合症
TS	28-bp repeat sequence	叶酸显著降低	乳腺癌，肺癌

Nazki et al, Gene, 2014

人体叶酸代谢基因突变与疾病

身体中发出的叶酸求救信号，请对号入座

（1）体内缺乏叶酸时，"一碳基团"的转移可发生障碍，核苷酸特别是胸腺嘧啶脱氧核苷酸的合成减少，更新速率较快的造血系统首先受累，典型症状为巨幼红细胞贫血。

（2）叶酸缺乏可以使同型半胱氨酸向蛋氨酸转化出现障碍，进而导致同型半胱氨酸血症。血清高浓度

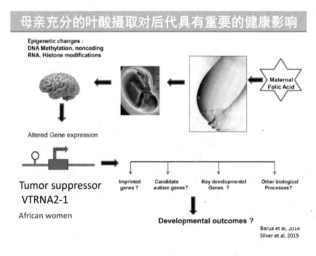

母亲充分的叶酸摄取对后代具有重要的健康影响

同型半胱氨酸可能是动脉粥样硬化及心血管疾病的重要致病因素之一。

（3）神经管畸形，孕早期叶酸缺乏可引起胎儿神经管畸形。

（4）先天性心脏畸形，受含叶酸等多种维生素影响较大的心脏畸形的特定类型是室间隔缺损和圆锥动脉干畸形。

（5）癌症，流行病学研究发现，叶酸缺乏可致癌症危险性升高，尤其是结肠直肠癌及结肠直肠癌前病变、腺瘤。多吃富含叶酸的新鲜蔬菜水果可以降低家族性大肠癌发生的危险性。

（6）研究表明，低的叶酸摄入也导致小鼠的精子细胞的甲基化组发生明显变化，导致怀孕率的降低。

作物叶酸生物强化策略和进展

通过对叶酸代谢途径的改造来实现叶酸生物强化，如加强叶酸合成代谢、促进叶酸稳定性以及回收利用降解产物等方式来提高作物中的叶酸含量。

在增加叶酸利用率方面，可以引入外源的蝶啶还原酶以促进蝶啶的还原再利用，还可以通过鉴定叶酸积累关键调控基因及其优良等位变异，进而通过基因聚合实现作物叶酸生物强化之目的。

基于对叶酸合成及代谢的深入研究，已经通过代谢工程手段成功地获得了叶酸强化的水稻、番茄、小麦、马铃薯和玉米。

叶酸生物强化育种与临床医学结合的无限可能

（1）叶酸代谢途径是癌症治疗的靶点。了解不同叶酸衍生物对动物或人体发育的影响和可能的致病原因（影响甲基化），用于基因靶向的癌症治疗具有重要意义。

（2）生物强化精准医疗，叶酸增补需个性化。每个人的叶酸利用能力是不同的，叶酸利用能力由每个人的基因决定。叶酸代谢最重要的两个

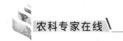
叶酸增补需个性化

➢ 叶酸利用能力由每个人的基因所决定

➢ 叶酸代谢最重要的两个基因是亚甲基四氢叶酸还原酶基因（MTHFR）和甲硫氨酸合成酶还原酶（MTRR）

➢ 这两个基因在我国人群中突变率高达78%

➢ 携带相关突变的人群按常量补充叶酸，不能满足机体所需

叶酸增补需个性化

基因是亚甲基四氢叶酸还原酶基因（MTHFR）和甲硫氨酸合成酶还原酶基因（MTRR），这两个基因在我国人群中的突变率高达78%，而携带相关基因突变的人群，即使按常量补充化学合成叶酸，也不能满足机体代谢所需，对于这部分携带基因突变的人群，充足的天然叶酸的摄取就显得尤为重要。所以，叶酸补充剂量以及补充何种形式的叶酸应依据我们每个人的基因情况来确定。

专家团队介绍

团队名称： 作物代谢调控与营养强化团队

专家介绍： 张春义研究员长期致力于植物微量营养素代谢调控及发育分子机制研究。主持多项国家级课题，包括"973"计划、国家"转基因生物新品种培育重大专项"、国家自然科学基金重大研究计划、北京市自然科学基金重点项目以及国际合作项目等。获 2001 年国家科学技术进步二等奖和 2013 年全国优秀科普作品奖；近 5 年在《The Plant Cell》《Plant Physiology》等国际知名学术刊物发表 SCI 论文 20 余篇，获国家授权专利 3 项；主编专著 1 部，参编 3 部；指导培养研究生 35 名，毕业 27 人。2017 年 10 月，张春义研究员入选国家百千万人才工程，授予"有突出贡献中青年专家"。

团队介绍：中国农业科学院生物技术研究所作物代谢调控与营养强化团队围绕建设"健康中国"国家重大需求，以不断增进和改善国民营养健康水平为目标，以玉米、水稻、番茄等主要农作物为对象，针对人体营养健康相关微量营养素及功能因子建立多组学研究方法和体系，提高农作物中目标营养素和功能因子的含量及生物有效性，为生物强化分子设计育种提供技术支撑和理论指导。

团队主要业绩：发表 70 多篇期刊文章，申请 10 个发明专利，获得发明专利 1 项；编写出版了《生物强化在中国》一书，应邀参加 7 次国际会议并做主题发言。目前，已举办 9 次项目国际研讨会议，交流作物营养强化项目技术最新成果。对隐性饥饿的危害和微量营养素对人体健康的重要性等方面进行了广泛宣传，提高了公众认知度。2015 年 6 月 30 日至 7 月 1 日，由张春义研究员申请并担任执行主席，以"满足健康需求的营养型农业"为主题的第 535 次香山科学会议国际学术讨论会在北京成功召开。

采写：李海燕　陈莹　侯丹丹

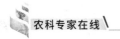

"隐性饥饿"在蚕食你的健康

张春义

研究员,博士生导师。中国农业科学院生物技术研究所副所长,中国农业科学院协同创新行动及生物技术研究所创新团队首席科学家。

你确定你吃饱了?

因必要的微量营养素摄入不均衡或缺乏,从而产生隐蔽性营养需求的饥饿症状被称为"隐性饥饿"。全世界有 1/3 人口与"隐性饥饿"相伴,我国也是世界上面临"隐性饥饿"严峻挑战的国家之一。

长期以来,我国粮食安全一直聚焦"量"的保障,而忽视了"质"的保障,农作物中的铁、锌、维生素等微量营养素含量显著低于国际水平,由此导致的"隐性饥饿"问题尚未得到充分重视。

《"健康中国 2030"规划纲要》提出吃得有营养,制定实施国民营养计划,开展食物营养功能评价研究,建立健全居民营养监测制度。

为更好发挥农业科技在解决我国人

2030 健康中国

群"隐性饥饿"和营养失衡问题上的作用，抓住全球发展营养敏感型农业和我国推进建设健康中国的机遇，通过中国作物营养强化项目和我国科研人员的共同努力，中国的"隐性饥饿"和营养失衡问题逐步得到解决，居民的膳食将会更健康、更营养。

新时代，"健康中国"已成为一项国家战略，对卫生、医疗、健康的重视提高到了前所未有的高度。

何为作物营养强化？

所谓作物营养强化就是通过育种手段提高现有农作物中能为人体吸收利用的微量营养元素的含量，减少和预防全球性的、尤其是发展中国家（贫困人口）普遍存在的人体营养不良和微量营养缺乏问题。

作物营养强化途径直接从作物育种角度解决微量营养缺乏的问题，是防治和改善人群微量营养元素（铁、锌、维生素 A 原、叶酸等）缺乏及其相关疾病发生的比较简便、经济、有效的途径。

为何营养强化技术把着眼点放在作物本身？

相比于其他的营养强化方式，作物营养强化是一种投入产出比很高的手段，尽管育种科学家需要花费数年培育营养强化的品种，但是一旦育成品种，除种植外后续就不再需要额外的投入。而从市场的角度来看，通过自然的农业生产方式获得的营养强化产品更容易获得消费者的青睐。

作物营养强化与食物强化和服用营养素补充剂方法互为补充，人们不需要改变现有的饮食习惯、食物加工方式、食用方法，在每天不知不觉的饮食中完成了营养改善计划。消费者食用作物营养强化食品既方便又安全，同时符合很多人的理念，即天然食物最安全，人们可以从天然食物中获取所需要的营养。

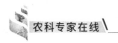
通过哪些技术对作物进行营养强化？

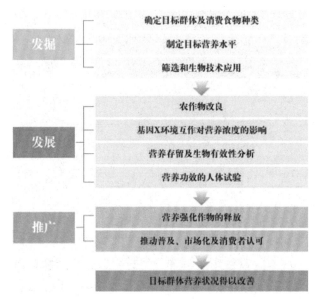

作物营养强化产品培育开发和营养评价路线图

农业、营养及健康三者密切关联，但却通常被人们孤立地看待。

中国作物营养强化项目研究团队围绕农业与营养健康这一主题，将遗传学、基因组学、代谢组学、营养学以及人群公共卫生等多学科有机交叉融合，通过传统育种技术、分子育种技术、营养科学相结合，筛选、培育、评价和推广富含微量营养素（铁、锌、维生素A原、叶酸等）营养强化作物新品种。

作物营养强化有哪些科技创新？

12年间，这个致力于改善和解决"隐性饥饿"的项目在中国不断推进，在新作物品种培育、人体营养实验、科研成果发表和专利申请等方面已经取得了显著的成绩。

培育了18个富含微量营养素的作物新品种（品系）。高锌中铁小麦品种，已在5个省市释放种植；高β-胡萝卜素甘薯，β-胡萝卜素含量高达231.1微克/克鲜重。

甘薯营养强化研究小组在四川、重庆、江苏、山东、福建、广东等7个维生素A缺乏发生率高的地区已推广10个高类胡萝卜素甘薯品种。

高类胡萝卜素甘薯品种

高维生素 A 原营养强化玉米新品种杂交种已在云南 29 个县测试，在云南临沧及昭通地区小规模试种 1 000 亩，2016 年获得云南省农作物品种审定委员会批准第一个自行开展区域试验的特殊用途玉米品种。

开发了甘薯糕、薯枣、薯脆、甘薯粉等营养强化产品，提升农作物的附加值，促进农户增收。

12 年重要历程回顾

2004 年 3 月，HarvestPlus 项目创始人 Howarth Bouis 博士和康奈尔大学雷新根教授专程来到中国农业科学院生物技术研究所与范云六院士座谈。2004 年 11 月 15—16 日，召开了中国作物营养强化项目（HarvestPlus-China, HPC）成立与启动大会。

取得突出成绩的"富含 β- 胡萝卜素甘薯新品种"课题于 2005 年启动，以四川省蓬溪县为目标区域，其目的就是培育、示范和推广，逐步改

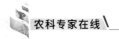

善上述地区大约 65 万农村人口维生素 A 缺乏的问题。

2007—2008 年，以四川省蓬溪县的四所小学年龄在 3~10 岁 166 名小学生为对象，进行营养干预试验。结果表明，食用高 β- 胡萝卜素甘薯 40 天，实验组的血清视黄醇浓度比食用当地甘薯品种对照组的有所提高，尤其对于血清视黄醇浓度小于 30 微克 /100 毫升的小孩，提高特别明显。

采写：李海燕　陈莹

食饮有节　同气相求

王东阳

研究员，博士生导师。食物营养战略与政策科研团队首席科学家。农业农村部食物与营养发展研究所副所长，国家食物与营养咨询委员会委员，中国经济社会理事会理事，中国农业科学院学术委员会委员等职。

今天，国人正生活在一个食物供给极其充裕的时代，尤其是部分人群动物性食品、食用油等摄入过量，造成营养过剩、营养性疾病高发；同时谷类食物作为主食的摄入量普遍减少，人们笃信"食不厌精，脍不厌细"的观念导致人们在健康的路上渐行渐远，在大快朵颐的同时有节制合理搭配的饮食才是正道。

食饮有节制，生活有规律

在我国古代，先人们总结出的膳食原则是"食饮有节"，同时还应"起居有常，不妄作劳，故能形与神俱，而尽终其天年"。意思是说如果饮食不节制，生活不规律，就会损伤脾胃和身体。如何做到食饮"有节"，古人养生推崇的是"三寒两倒七分饱"。"三寒"是指在"倒春寒""五月寒"和"秋寒"时节里要注意防寒保暖，"两倒"是指要睡好子午觉。中医认为，每日子时和午时是阴阳交替之时，也是人体经气"合阴"与"合阳"的关键节点，睡好子觉、午觉，"子时大睡，午时小憩"，有利于人体养阴、养阳。"七分饱"就是吃饭要吃七分饱，更不能撑着。

国外实验也证明了节制饮食对健康的重要性。日本科学家大隅良典因

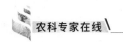

发现"细胞自噬"机制，获得 2016 年诺贝尔生理学或医学奖。细胞在饥饿时，为了自己生存保持必需的能量，会把自己体内无用或有害的物质吃掉，细胞通过自噬，能够不断更新细胞质中的各种组分，保持细胞活力。也就是说，人们在保证必要营养的前提下，每日减量 30% 的食物摄入，能起到延年益寿的作用。

食材分属性，分类有讲究

《易经》中对食物和中药材的区分表述为："同声相应，同气相求。水流湿，火就燥……本乎天者亲上，本乎地者亲下，则各从其类也"，意思是天地之间任何具有相同属性、功效的事物都是相通的，相互感应，都可按阴阳五行的分属纳入八卦。

人是大自然中的一员，当自然界中的物质与人体脏腑器官相契合时，依照这一原则挑选相同卦象的食物或药材补益人体，就会发挥彼此最大的功效。

（1）将食物按其"性"分为热、温、平、凉、寒五类：如辣椒、花椒、茴香、狗肉、羊肉等为热性食物；糯米、面粉、高粱、板栗、大枣、桂圆等为温性食物；粳米、玉米、黄豆、甘薯、马铃薯等为平性食物；小米、大麦、荞麦、绿豆、薏仁米等为凉性食物；芹菜、苦瓜、黄瓜、西瓜、生藕、柿子等为寒性食物。

热、温、平、凉、寒五性理论数千年来一直指导着养生保健和临床，以现代科学方法揭示其机理有着深远的意义。学者研究表明食物或药物的药性主要影响神经系统和内分泌系统。兴奋中枢神经系统功能的食物，其性多属温热，而抑制中枢神经系统功能的食物其性多属寒凉。不同"性"食物及药物对机体内分泌系统功能的调节作用，是食物五性的重要作用机制之一。

（2）将食物按其"味"分为辛、甘、酸、苦、咸五类：如米面杂粮等为甘味食物；番茄、山楂、杏、柠檬等为酸味食物；生姜、大葱、洋葱、辣椒、韭菜等为辛味食物；海产品、猪肉等为咸味食物；苦瓜、苦菜等为苦味食物。

（3）将不同食物对应人体五脏六腑产生的不同的滋养作用，对食物进行"归经"：如小麦、赤小豆、西瓜、莲子、龙眼肉等归入心经，有养心安神的功效；小米、大米、黄豆、薏米、苹果、大枣等归入脾经，有健脾益胃的功效；番茄、樱桃、油菜、香椿等归入肝经，有舒肝理气的功效；萝卜、芹菜、生姜、大葱等归入肺经，有益肺解表的功效；桑葚、黑芝麻、枸杞子等归入肾经，有补肾益精的功效。

古人提出的"药食同源""药食同用"及食物归经理论认为，食物同中药材一样，大多归入两经或三经，如桑葚归肝经和肾经，肝肾阴虚者宜食之；山药归肺、脾、肾经，凡肺虚、脾虚及肾虚者宜食之。

养生有搭配，偏食不可取

《黄帝内经》提出的人们日常饮食模式："五谷为养，五果为助，五畜为益，五菜为充，气味和而服之，以补精益气"；"谷肉果菜，食养尽之，无使过之，伤其正也"。在食物性味归经的基础上揭示了食物的各类功效，"酸入肝、苦入心、甘入脾、辛入肺、咸入肾"，也就是说酸味食物可敛肝阴；苦味食物可泻心火；甘味食物可补脾气之弱；辛味食物可散肺气之郁；咸味食物可补肾虚。

人们在日常饮食中还不能偏食，因为"多食咸，则脉凝泣而变色；多食苦，则皮槁而毛拔；多食辛，则筋急而爪枯；多食酸，则肉胝皱而唇揭；多食甘，则骨痛而发落，此五味之所伤也"。

应知道饮食之忌，知晓五味所禁，"辛走气，气病无多食辛；咸走血，血病无多食咸；苦走骨，骨病无多食苦；甘走肉，肉病无多食甘；酸走筋，筋病无多食酸。是谓五禁，无令多食"。

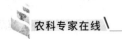

体质分九类，饮食做推手

中医学认为，养生的前提是要辨清体质。在吸收古人经验做法的基础上，我国当代中医学将人的体质划分为 9 种类型，包括畏寒怕冷的阳虚体质、缺水急躁的阴虚体质、形体肥胖的痰湿体质、长痘易怒的湿热体质、失眠忧郁的气郁体质、反复感冒的气虚体质、血脉不畅的血瘀体质、易过敏的特禀体质以及气血和谐的平和体质。其中，平和体质为正常体质，其他 8 种类型为偏性体质。

饮食不当是造成偏性体质的重要原因，如营养过剩促生气虚或痰湿体质，营养不足促生气虚或阳虚体质，饮食过咸促生阳虚间夹痰湿、瘀血体质，长期吃辣加重湿热和阴虚体质，常食寒凉促生阳虚或瘀血体质，常吃夜宵促生痰湿体质，不吃早餐促生气郁或痰湿体质，食速过快加重气虚或痰湿体质。此外生活起居不当等因素也会促使正常人的体质转成偏性体质。

体质评定有标准，针对性食疗见功效

2009 年，9 类体质类型已被编制为《中医体质分类与评定》标准，由中华中医药学会对社会发布，以指导体质研究和应用。该标准通俗易懂，实用性针对性强，已被政府和学术界认可。

如北京市发布的《首都市民中医健康指南（2008 版）》，就采用了九类体质类型的养生方法，比如阳虚体质的人，可多食牛肉、羊肉、韭菜、生姜等温阳之品，少食梨、西瓜、荸荠等生冷寒凉食物；阴虚体质的人，可食瘦猪肉、鸭肉、绿豆、冬瓜等甘凉滋润之品，少食羊肉、韭菜、辣椒、葵花籽等性温燥烈之品；其他体质类型人的饮食在指南中也都是按照食物的性味提出了相应的食疗方案。

采写：李海燕　侯丹丹　朱妍婕

别让肥胖在童年发芽

孙君茂

博士，研究员。农业农村部食物与营养发展研究所副所长，食物营养战略与政策创新团队首席。

肥胖已经是威胁到现代人健康杀手之一，儿童时期是生长发育的重要阶段，也是行为和生活方式形成的关键时期。而我国儿童肥胖率不断攀升，已经成为困扰青少年身心健康和整个社会的难题。

目前，我国儿童青少年的超重和肥胖率正不断攀升。1985—2005 年，主要大城市 0~7 岁儿童肥胖检出率由 0.9% 增长至 3.2%，肥胖人数也由 141 万人增至 404 万人；1985—2014 年，我国 7 岁以上学龄儿童超重率也由 2.1% 增至 12.2%，肥胖率则由 0.5% 增至 7.3%，相应超重、肥胖人数也由 615 万人增至 3 496 万人。儿童肥胖问题凸显，我国儿童肥胖防控刻不容缓。

小胖堆儿养成原因知多少

遗传因素：父母双方、仅父亲、仅母亲超重或肥胖的儿童发生超重或肥胖的危险分别是父母双方均为正常体重儿童的 4.0 倍、3.1 倍和 2.7 倍。

膳食结构：家长任由儿童吃高脂及高热量食物，而且经常要他们吃光所提供的食物，甚至以奖励方式来鼓励孩子吃东西，容易令孩子变得肥胖。

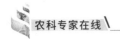
《中国儿童肥胖报告》发布会

主办单位：北京大学公共卫生学院
联合国儿童基金会
7年5月11日 中国·北

《中国儿童肥胖报告》发布会

缺乏运动：长时间看电视，尤其是边看电视边吃东西，会增加肥胖的概率。因为看电视时人窝在沙发里，不活动，再加上不断吃东西，容易增加肥胖概率。

社会心理因素：家长对小儿肥胖的错误认识，最容易造就出一个肥胖的孩子。孩子如果功课压力过重，或是学习成绩不理想，精神长期紧张，就会有意无意地拼命多吃零食，借以缓解精神紧张的状态，长此以往，就会出现肥胖。

肥胖给小胖堆儿带来的"一万点伤害"

高血脂、高血脂：高血压是肥胖密不可分的症状，肥胖儿童血脂含量升高，血压也会随之升高。此外，由于肥胖，胆固醇、甘油三酯等在血液中的浓度会比一般要高，长此以往，很容易会患上冠心病。

高血糖：肥胖儿童进行糖耐量试验会有明显的异常，为给将来患糖尿病埋下危险的因素。

呼吸道疾病：由于肥胖的孩子咽部以及胸腹部脂肪的增多，对正常的呼吸功能产生了阻碍，使得儿童的身体容易发生缺氧症状，而一旦患上了呼吸道疾病，便容易发生呼吸道感染甚至是肺炎等。

性早熟：肥胖儿童男性血睾酮含量及女性血清脱氢表雄酮硫酸酯含量明显高于正常儿童，体脂增多可引起肾上腺激素分泌量增多，使下丘脑对循环中性激素阈值的敏感性降低。

智商偏低：肥胖儿童的总智商和操作商低于健康儿童同时活动、学习、交际能力低，影响儿童心理健康。

这些能量密度高的食物，别碰！

能量密度高的食物有油炸食品及奶油制品、糖果和含糖饮料，若经常食用或食用量大很容易造成能量摄入过多。能量密度低的食物有水果和蔬菜，这两类食物体积大而能量密度较低，又富含人体必需的维生素和矿物质，以蔬菜和水果替代部分其他食物能给人饱腹感，不致摄入过多能量。

社会总动员，"拯救"小胖堆儿

肥胖一旦发生，逆转较为困难。因此，人群肥胖防控必须贯彻"预防为主"的方针，要及早、从小抓起，从母亲孕期开始预防，应由政府主导、社会参与，建立以"学校—家庭—社区"为主的防控网络。

肥胖儿

（1）将儿童肥胖防控融入所有政策。

（2）建立政府主导、多部门合作、全社会共同参与的工作机制。

（3）健全国家儿童肥胖监测系统，把儿童肥胖纳入国家现已存在的相关监测系统中。

（4）开展儿童肥胖的三级预防，即面向全人群的普遍性预防、指向肥胖"易感环境"群体的针对性预防和精准定向肥胖个体的综合性预防。

（5）加大科研投入，深入、系统地开展儿童肥胖相关研究。

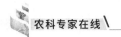

专家小课堂

超重和肥胖儿童饮食注意事项

适宜吃的食物：新鲜蔬菜和水果、鱼、虾、牛肉、禽类、肝、蛋、奶、豆腐、豆浆、白开水、不添加糖的鲜果蔬汁。

少吃的食物：糖果、蜜饯、巧克力、冷饮、甜点心、膨化食品、西式快餐、肥肉、黄油、油炸食品、各种含糖饮料。

专家介绍

孙君茂研究员作为主要起草人之一，编制起草《中国食物与营养发展纲要（2001—2010 年）》《中国食物与营养发展纲要（2014—2020 年）》和《中国居民膳食指南 2016》等，参与《健康中国 2030 规划纲要》《国民营养计划》等研究起草。参与项目研究成果曾获省部级科技进步二等奖 2 项、三等奖 1 项，国家优秀出版物奖 1 项；主编及参编著作 10 余部。

其所带领的研究团队，为国内专门从事食物营养宏观战略与政策研究的团队，主要开展我国食物营养发展战略与政策分析、居民食物及营养需求预测分析等，为我国食物与营养发展纲要编制提供技术支撑，同时还开展食物营养健康效应评估及营养经济学评价等相关内容研究。

采写：李海燕　侯丹丹

食物营养摄入不平衡，到底差哪儿啦

王小虎

研究员，农业农村部食物与营养发展研究所所长。

"民以食为天，食以安为重"，食物营养关乎国计民生和经济繁荣，关乎小康社会的全面建成和中国梦的顺利实现。

居民营养与健康显著改善

（1）居民营养结构不断优化：人均三大类营养物质供应充足，超过部分发达国家；优质蛋白摄入比例增幅较大，从 2002 年的 31.3% 提高到 2012 年的 36.1%；维生素、矿物质摄入逐步提高。

（2）营养缺乏性疾病逐渐降低

人群营养不良率进一步降低：2012 年与 2002 年相比，12~17 岁青少年生长迟缓率降低 3.1 个百分点，居民消瘦率下降了 4.4 个百分点，居民贫血率下降了 10.4 个百分点。

居民慢性病防控意识增强：41.1% 已知患高血压的成年患者，33.4% 已知患糖尿病的成年患者，主动采取控制措施。

居民预期寿命持续提高：2000 年人均预期寿命 71.4 岁，2015 年提高到 76.3 岁，15 年间增加 5 岁多，年均增长率 0.4%。

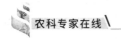

营养素摄入结构不平衡，差哪儿啦？

中国居民粮食、肉蛋奶、蔬菜水果、水产品等食物消费数量充足，三大营养素供能充足，但维生素、矿物质（如维生素A、铁、钙）等居民摄入与推荐需要量之间的差距还很大。维生素A摄入量只有推荐需要量的55.2%；钙摄入量只有推荐需要量的45.4%；锌摄入量只有推荐需要量的85.6%；但是钠摄入量已经超过推荐需要量的2.8倍。

重要缘由是居民消费习惯和口感追求

（1）加工过度损失重要营养物质。受居民消费习惯和追求口感等影响，加工目标过度追求精、白、细，营养损失数量大，如小麦过度加工，B族维生素和膳食纤维损失显著；稻米过度加工，B族维生素损失了60%。

（2）部分营养物质摄入量超标。受居民饮食习惯和口感味觉追求，中国居民烹调盐和食用油摄入量远远超过营养需要推荐量。2012年，中国18岁及以上居民平均烹调盐摄入量为10.5克，远高于《中国居民膳食指南（2007）》建议的人均每日6克的推荐量。烹调油日摄入量为42.1克，也远高于25~30克的推荐摄入量，增加了肥胖及"三高"等健康问题的风险。

城乡区域之间营养不平衡不容小觑

贫困地区：按照每人每年2 300元（2010年不变价）的农村贫困标准计算，2016年中国农村贫困人口仍有4 335万，贫困地区特别是部分偏远贫困地区，因营养食物缺乏，蛋白质、矿物质、维生素等营养素难以满足健康需要，存在营养不良现象。

城市地区：居民因膳食不平衡或营养过剩引发的肥胖、高血压、高血糖、高血脂、痛风等慢性疾病高发，各种慢性病人群已超过4亿，50%以上居民处在亚健康状态，2012年城市成年居民糖尿病患病率比2002年增加 1.1 倍。

大城市地区：成年居民高胆固醇血症和高甘油三酯血症患病率均显著增加。给身体健康带来严重威胁，每年还增加数以千亿计的医疗费用，已成为中国经济社会发展面临的重大问题和挑战。

健康源于良好的饮食习惯

（1）践行健康烹饪：健康烹饪是基于中国人肠胃与饮食传统的蒸煮饮食习俗和文化背景，考虑人体健康需要，以少油烟或无油烟为主的健康烹饪方式，烹饪过程中尽可能不产生对人体有害的物质，同时尽可能多地保留食物的营养成分。

（2）普及营养均衡配餐：营养均衡配餐是指按人体需要，根据食品中各种营养物质的含量设计一天、一周或一个月的食谱，使人体摄入各大营养素比例合理，达到均衡膳食。结合人群营养需求与区域食物资源特点，开展系统的营养均衡配餐研究和示范推广，开展示范健康食堂和健康餐厅建设，推广营养均衡配餐，创建国家食物营养教育示范基地。

关爱重点人群　加强营养监测

老年人：监测老年人膳食的盐、油脂超标，引导低盐、低脂食物消费；科学指导老年人补充营养、合理饮食。

农村儿童：着力监测农村儿童青少年生长迟缓、缺铁性贫血发生率，做好农村留守儿童营养保障工作。

城市儿童：重点监测城市特别是大中城市儿童青少年超重、肥胖增长发生率及态势。

孕产妇及婴儿：重点监测孕产妇营养均衡调配情况，母乳代用品和婴幼儿食品的质量监管。

采写：李海燕　侯丹丹

晚春品一盏香茗，听茶学院士讲述茶的雅事

陈宗懋

研究员，博士生导师。1960年起在中国农业科学院茶叶研究所工作。曾任中国农业科学院茶叶研究所所长，中国茶叶学会理事长，现任中国茶叶学会名誉理事长。1991年起享受国务院政府特殊津贴。2003年12月，当选为中国工程院院士。

这是一个晚春的午后，小编有幸与陈院士同品一盏香茗。不知是否因为茶的缘故，氛围融洽极了，让如此普通的日子，熠熠生辉。

何止于米，相期以茶

冯友兰与金岳霖同庚。相传在1983年，两位老先生在做88岁"米寿"时，冯友兰写了两副对联，一副给自己，一副送金岳霖。上联是"道超青牛，论高白马"，下联是"何止于米，相期以茶"。

米就是指米寿、茶就是指茶寿，按照中国传统的说法，米字的形态一看便知为八十八，所以米寿就是88岁；而"茶"字形态恰如"米"字之上又加上草字头，可推想到再加廿，成一百零八岁了，故一百零八岁也称茶寿。

茶有助于健康，可以延年益寿，所以常以茶祝寿，刻意把"米"字和"茶"字的笔画像拆字谜一样地拆开来，用来比喻寿命岁数。就更高的层面来看，米是形而下求温饱，茶是形而上求文化层面，因此从米到茶，还含有出凡入圣，再攀精神高峰的意思。

两部茶经，千年茶史

唐代陆羽被誉为中国的茶圣，于公元 758 年左右创作了一部《茶经》。全书分上、中、下 3 卷共 10 个部分。其主要内容有：一之源；二之具；三之造；四之器；五之煮；六之饮；七之事；八之出；九之就；十之图。《茶经》全书共 7 000 多字，其实篇幅并不大，是中国乃至世界现存最早，全面介绍茶的第一部专著，推动了中国茶文化的发展。

陈宗懋院士也主编了一部《中国茶经》，该书获国家科技进步三等奖，重印了 21 次，销售近 10 万册，很多爱茶的人士从中受益。

《中国茶经》主要阐述了我国各个主要历史时期茶叶生产技术和茶叶文化的发生和发展过程；介绍六大茶类的形成和演变，尤其是名优茶、特种茶的历史背景和品质特点，并对茶与文学艺术的关系作了剖析，全面反映了我国丰富多彩的茶叶文化风貌。

长寿因子茶多酚

虽然茶医疗有着数千年的历史，由于科学水平的限制，茶叶中的有效成分和其对人体作用机理并不明确。随着生物科技的迅速发展，直到 20 世纪 60 年代，科学家们开始对茶叶进行全面的研究，从茶叶中分离鉴定出 700 多种化合物，如茶多酚、咖啡碱、茶多糖、茶氨酸、茶红素、茶黄素、茶褐素、叶绿素等。茶多酚的主要成分为黄烷醇（主要是儿茶素）、花色素（包括花青素、花白素）、黄酮及黄酮醇、酚

20% 茶多酚（儿茶素类）
6%
5% 糖类
4% 矿物质化合物
3% 氨基酸类（茶氨酸，谷氨酸等）
62% 咖啡碱
不溶性化合物
（多糖类，蛋白质，色素等）

茶树叶片的组成成分

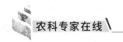

酸及缩酚酸 4 类化合物，是公认的天然抗氧化剂。茶多酚对人体具有清除自由基和抗氧化的作用，其抗衰老能力要比维生素 E 强 18 倍。茶多酚还具有抗辐射、抗肿瘤和抗突变作用、对心脑血管的保护作用、提高人体免疫力的作用、降脂减肥的作用、减轻环境污染对人体的伤害、对有害微生物有抑制作用等 20 余项功能。

喝茶的文化

绿茶

广受欢迎的绿茶：绿茶是中国最主要的茶类之一，广受欢迎。但是对于脾胃虚寒的人却不适宜喝。

茶香馥郁的乌龙茶：好的乌龙茶茶香馥郁芬芳、醇厚甘滑，饮后齿颊生津、余韵袅袅。可于好友相聚时，泡上一壶上好的乌龙茶，品其真韵；也可于静夜苦读时，泡上一杯浓香型的武夷岩茶，既提神醒脑，又解除读书的疲乏。

温润降脂的黑茶：黑茶加工中因经过后发酵工序，茶性更温润，去油腻、去脂肪、降血脂功效更显著。平时饮食结构以肉制品为主的消费者可选择黑茶类，如湖南的茯砖茶、湖北的青砖茶或云南的紧压茶、普洱茶等。

暖胃的红茶：红茶特别适合肠胃较弱的人。尤其是小叶种红茶，滋味甜醇，无刺激性。如果选择大叶种红茶，茶味较浓，可以在茶汤中加入牛奶和红糖，有暖胃和增加能量的作用。

茶可以放心喝

近年来，茶叶农残、铅、氟超标等问题时常见诸报端，让人们常纠结到底要不要喝茶。陈院士表示，茶不安全的说法多被夸大，茶可以放心喝。科学的发展对茶叶中的农药最高残留限量（MRL）要求越来越严格，每 20 年农产品中的 MRL 标准下降一个数量级。

年代	占总标准量 %			
	10^{-6}g	10^{-7}g	10^{-8}g	10^{-9}g
1950's	100			
1970's	58.4	41.6		
1990's	18.2	35.6	46.2	
2010's	2.0	16.4	81.5	0.2

喝的是茶水，并不吃茶叶

实验研究表明，茶叶中的农药残留在泡茶时中的浸出率与农药在水中溶解度密切相关。农药在水中的溶解度愈高，在泡茶时进入茶汤中的浸出率也愈高。因此，在茶叶生产中应停止使用水溶性高的农药，如吡虫啉、啶虫脒、乐果。陈院士介绍，国家目前对农药的使用范围、剂量和安全间隔期都有严格规定，农药登记使用前，须对其进行大量的实验，符合要求才能上市。另外，近几年抽查显示，茶叶农残合格率都达 97% 以上。

最关键的是，我们喝的是茶水，并不吃茶叶，当前我国应用到茶上的农药基本都是脂溶性的，在泡茶过程中较难溶解出来。

祝《农科专家在线》
越办越好

陈宗懋
2017年4月21日

采写：李海燕　陈莹

水为茶之母　泡茶用水有学问

尹军峰

研究员，博士。中国农业科学院科技创新工程"茶叶深加工与多元化利用"团队首席科学家，中国茶叶学会茶机专业委员会和茶艺专业委员会委员。

好茶配好水

"茶"需要"水"的拥抱，孕育和释放才能形成！那什么样的水才是"好水"？什么样的水能更好的孕育茶？

历代典籍中有关泡茶用水的记载

唐代茶圣陆羽《茶经》

"其水，山水上、江水中、井水下"。

宋代宋徽宗赵佶《大观茶论》

"水以清、轻、甘、冽为美，轻甘乃水之自然，独为难得"。

明代张源《茶录·品泉》

"山顶泉清而轻，山下泉清而重，石中泉清而甘，砂中泉清而冽，土中泉淡而白，流于黄石为佳，泻出青石无用，流动着愈于安静，负阴者胜于向朝，真源无味，真水如香"。

屠隆《茶水·择水》

"天泉，秋水上，梅水次之；地泉，取乳泉漫流者，取清寒者，取石流者，取山脉逶迤者；江水，取去人远者；井水，虽汲多者可食，终非佳品。"

清代《冷庐杂记》

"（乾隆）巡跸所至，制银斗，命内侍精量泉水，以轻者为优"。

现代科学对泡茶用水的研究

（1）受水中无机离子的综合影响：34 种典型水冲泡实验表明，"三低"（低矿化度、低硬度、低碱度）水冲泡的茶汤品质好。

低矿化度：低矿质离子总量（TDS<50 毫克 / 升）一般对茶汤苦味、涩味、鲜味等滋味特征和香浓度、纯正度等香气特征有一定的正面影响，而高矿质离子总量一般有负面影响。

低硬度：水中 Ca^{2+}、Mg^{2+} 等硬度相关离子对茶汤的影响阈值明显小于 K^+、Na^+ 等非硬度离子，其影响力显著较大。

低碱度：滋味：茶汤苦味随 pH 值的增加呈下降趋势，涩味呈增加趋势，鲜爽味呈现下降趋势，pH 值 >6.5 滋味变化明显，出现熟闷味。

香气：pH 值 <4.5 茶香浓度下降明显，香气变得淡薄，纯正度相

现代泡茶用水的主要来源及要求

对较差；pH 值 >7.0 后香气劣变明显，变得熟闷、欠纯，并出现水闷味。

（2）受水溶性气体的影响：古人泡茶讲究使用"活水"，汲取流动的泉水或山溪水的一个重要原因：活水中溶有较多的 O_2 和 CO_2。

研究表明，富含 CO_2 和 O_2 等气体的水冲泡的茶汤滋味更鲜爽，香气更纯正；水质存在热敏性，多次沸腾水冲泡的茶汤风味品质下降。

泡茶用水的选用原则：清活轻甘冽

清：清澈、透明、无色无沉淀——显示茶本色。

活：流动不腐，含气体——助茶汤鲜爽。

轻：比重轻，矿物质含量较低——较少影响。

甘：水入口后口腔有甘甜感——增茶味。

冽：水温冽，地层深处，污染少——茶味纯正。

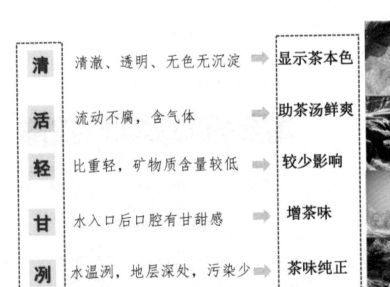

泡茶用水的选用原则

现代泡茶用水的主要来源和要求

（1）泡茶用包装水的选择

水源地：尽量选用地域较为清洁、无污染的优质水源地制造的包装水。

种类：采用低矿化度、低硬度和中性或微酸的包装饮用水，纯净水、蒸馏水、天然饮用水、低矿化度矿泉水。

使用：尽量少沸腾。

（2）家庭自来水的处理：研究表明，多数自来水中余氯或氯化物容易与茶汤中的多酚类作用，从而使茶汤表面产生"锈油"，并引起茶汤苦涩。

选用优质水源自来水。一般不建议直接使用。采用必要过滤处理。一般自来水都需要通过多层过滤、RO 反渗透处理后再使用。未处理自来水应放置一段时间，并要煮沸使用。可以杀菌、驱散自来水中氯气及其异味、促使碳酸氢钙及碳酸氢镁分解沉淀。

专家团队介绍

团队名称：茶叶深加工与多元化利用创新团队

所属单位：中国农业科学院茶叶研究所

团队主要成员：叶阳，江和源，许勇泉，张建勇，何华锋，邹纯，高颖

团队主要研究内容：

1. 茶叶功能因子挖掘和活性成分应用基础研究

2. 茶叶深加工与多元化利用新技术研究

3. 重大含茶产品研制与共性关键技术研究

团队主要业绩：先后主持国家攻关、省部级重大科技项目、国家自然

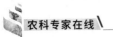
科学基金、浙江省杰出青年基金、科技部成果转化项目等重点项目 20 余项；获得省部级以上科技进步奖 8 项，其中省部级科技进步二等奖 4 项；获得国家发明专利 40 余项。发表 SCI 论文 20 余篇，主（参）编著作 12 部。研制出茶叶新产品、新技术、新工艺 20 多种，组建了高品质茶产品生产线近 20 条。

采写：李海燕　陈莹

十年精准扶贫，科技特派员李强用一品甘茶惊艳了世界

尹军峰

研究员，博士。中国农业科学院科技创新工程"茶叶深加工与多元化利用"团队首席科学家，中国茶叶学会茶机专业委员会和茶艺专业委员会委员。

明万历年间《括苍汇记》载，"缙云物产多茶""缙云贡黄芽三斤"。清道光年间《缙云县志》曰："茶，随处有之，以产小筠、大园、柳塘者佳。括苍云雾茶亦为珍品"。

缙云黄茶，好茶未必能致富

缙云山青水秀，盛产茶叶，距今已有1 000多年产茶历史，其茶质优、口感好。缙云黄茶多数分布于海拔500~800米的高山云雾地带，生态、气候得天独厚，是真正的原生态茶。其富含氨基酸，经济效益是传统名优茶的2~3倍，远超于其他农作物，有很大推广潜力。

茶香也怕巷子深，黄茶的故乡在丽水缙云，地处浙南，绵延起伏的丘陵和山谷交织出特有的地理风貌，由于地理位置的限制，与城镇经济的发展有着较大差距。同时，当地缺乏科技引导和支持，普通农作物的亩产值很低，茶农生活仅能自足，难有经济创收。

特派员——农民身边的农业科学家

科技特派员是指经地方党委和政府按照一定程序选派，围绕解决"三

李强与当地茶农在一起

农"问题和农民看病难问题，按照市场需求和农民实际需要，从事科技成果转化、优势特色产业开发、农业科技园区和产业化基地建设以及医疗卫生服务的专业技术人员。

2007 年，中国农业科学院茶叶研究所副研究员李强作为科技特派员来到了大源镇，受命之日，寝不安席，目睹了龙坑村农民生活的艰苦和茶农的无助，李强以科学技术为依托，在龙坑村艰苦的环境下开展科技服务工作，为茶农寻找致富道路。

李强在担任缙云县大源镇科技特派员期间，以茶树病虫害综合防治技术为主导，帮助当地茶农掌握了绿色安全病虫害防治技术，降低农药使用量，提高了茶叶产量、品质和市场竞争力。他先后牵头组织实施了"茶树害虫诱控技术示范与推广""缙云黄茶优质高效栽培技术示范与推广"等 10 多个科技项目。

精准扶贫——以技兴茶，特派员有高招

李强立足产业新形势、新情况，大力实施科技项目，搭建交流平台，开展技术培训，推广缙云黄茶品牌，坚守在产业一线，为当地茶产业发展奔波。

(1) 小农户集中连片生产："小农户集中连片发展"的黄茶种植模式，首先在龙坑村进行推广。 2012 年，龙坑村开始引进缙云黄茶新品种，组织分散农户按照集中连片发展方式开始种植，特派员团队将示范与实践相融合，把"集中连片发展"的种植模式推行开来。

(2) 培训：2013 年，李强任茶叶团队科技特派员首席专家，在缙云县科技局、农业局的支持下每年组织农户进行培训，向全县茶农传授综合性的种植技术。开展了"科技进村入企""农民综合素质提升培训班"等系

列培训班。紧抓"授人以渔"技术培训工作，提高茶叶质量，专注黄茶品质提升，全力打造缙云黄茶区域品牌。

（3）发展模式：李强提出了适合缙云当地黄茶产业发展的模式，即"龙头企业＋企业核心科技示范基地＋专业示范村＋小农户"集中连片种植，在多方的共同努力下，企业的发展也逐步进入了一个新的轨道。

2015 年年底，缙云县科技局把"科技兴农"提升到全新高度，在大源、胡源、三溪和仙都 4 个乡镇，设立"缙云县茗源创新工作站"。

（4）星创天地：2016 年一个更具战略高度意义的"轩辕黄贡星创天地"项目落在李强团队身上，团队提出了以"四线一天地"为指导思想的项目规划，该项目于当年 10 月正式成为丽水市唯——家列入科技部首批备案的星创天地。如今龙坑村的茶山已连成片，初步达到原来的构想。

（5）科技创新联盟：联盟以促进缙云农业农村发展为目标，有效整合科技资源，发挥科技特派员功能作用，为农民致富、农村发展提供科技支撑。加强科研攻关和试验示范，总结提炼科技成果，促进科技进步，促进一二三产业联动融合，构建科技特派员全产业链服务新格局，提高缙云产业科技水平和经济效益。

（6）企业龙头　黄茶品牌化：茶农要有高的稳定的收入，除了种好茶做好茶外，在产品营销方面必须有龙头企业作为支撑，李强主动为茶企提供技术支持，打开营销思路，帮助企业突破发展瓶颈，在技术传授指导的同时带动缙云茶产业发展，凸显出地方的产业特色。

缙云黄茶成为茶界新贵，山区农民走上致富路

在科技特派员的带领下，缙云相关单位的大力支持以及茶农的不懈努力下，2012 年，缙云示范区内黄茶用于病虫害防治的直接成本节省 50%。

2012—2015 年这短短的 4 年期间，缙云黄茶产品在"中茶杯"评比与全国及省内外各类博览会赛事活动中，前后获得了 10 多项奖项。

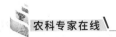
黄茶产业发展同样成绩显著，至 2016 年年底，在五云、舒洪、溶江等地建立了 92 亩的缙云黄茶树良种繁育基地 3 个，新品种繁育能力 1 700 万株 / 年，在三溪、大源、新建、前路、胡源等乡镇建立了种植规模为 300~500 亩的缙云黄茶示范基地 5 个，全县已有缙云黄茶品种种植面积 12 000 亩，缙云黄茶年产 5 000 千克，产值 3 600 万元。

科技特派员李强指导当地茶农

如今的"缙云黄茶"已经成为茶叶界新贵，茶产业也成为地方政府产业扶贫的主要抓手，茶叶也成为当地茶农增收致富主要来源之一。

十年坚守，正是有以李强为代表的科技特派员的努力，对基层农业农村科技服务体制机制不断改革创新，走出了一条"整合资源，借力发展"的加快发展地区科技创新的路径。为县域农业增收、农民增收、农村增绿提供了强有力的科技支撑，在这过程中，科技特派员们把缙云作为自己的家乡，为实现"绿水青山就是金山银山"发挥着无可替代的作用。

在细碎的时光中守望一方茶园，科技特派员以奋斗的精神拥抱科学技术。在这片土地上，黄茶甘甜了味蕾，富裕了茶农的生活，而以李强为代表的科技特派员们奉献了自己的青春。

采写：李海燕　侯丹丹

夏天到了，爱美的女人要懂得吃豆腐

韩天富

二级研究员，博士生导师。国家大豆产业技术体系首席科学家，农业部大豆专家指导组组长，中国农业科学院科技创新工程"大豆育种技术创新与新品种选育"科研创新团队首席，农业农村部北京大豆生物学重点实验室主任，农业农村部北京大豆改良分中心主任。

豆腐是我国古老、大众化的传统健康食品，不仅味美，而且具有养生保健作用。五代时人们就称豆腐为"小宰羊"，认为豆腐的白嫩与营养价值可与羊肉相提并论。

但是真正了解女性吃豆腐的好处有哪些呢？

豆腐的营养价值有哪些呢？

豆制品营养价值探秘

大豆含有 40% 的蛋白质、20% 的脂肪和其他多种营养物质。

大豆蛋白质含量是肉、蛋、鱼的 2 倍左右，且氨基酸组分合理，属于优质蛋白质，具有降胆固醇、抗肥胖、抑制动脉硬化、抑

大豆

大豆制品

制血压上升、降低血糖等生理功能；豆油的不饱和脂肪酸含量高，抗氧化，抗衰老；大豆含有卵磷脂，可除掉附在血管壁上的胆固醇，防止血管硬化，预防心血管疾病，保护心脏；大豆中的卵磷脂还可阻止肝脏内积累过多脂肪，从而有效地防治因肥胖而引起的脂肪肝；大豆中含有的可溶性纤维，既可通便，又能降低胆固醇含量；大豆所含的皂苷有明显的降血脂作用。

女性健康的福音

豆腐不仅含有丰富的植物蛋白、多种维生素和矿物质，而且还含有一种天然植物雌激素——大豆异黄酮，它是女性健康的福音。

由于异黄酮与雌激素的分子结构非常相似，能够与女性体内的雌激素受体相结合，产生多种功效，包括预防乳腺癌；改善更年期综合征，延缓衰老；改善皮肤质量，令肌肤细腻、光滑；增强钙的吸收，预防更年期骨质疏松；提高性生活质量。由此可见，女性要保持健康和美容，就要常吃豆腐，会吃豆腐。

食用豆制品有何讲究？

豆制品虽然含有多种营养物质，但也并非人人皆宜，有些体质的人群应当忌食或者少食。

大豆在消化吸收过程中会产生过多的气体造成胀肚，故消化功能不良、有慢性消化道疾病的人应尽量少食；急性胃炎和慢性浅表性胃炎病人也不要食用豆制品，以免刺激胃酸分泌和引起胃肠胀气；肾炎、肾功能衰竭和肾脏透析病人应采用低蛋白饮食，大豆蛋白质含量高，故应少食或禁食；伤寒急性期和恢复期，为预防出现腹胀，不宜饮用豆浆，以免胀气；严重消化性溃疡病人不宜食用黄豆、蚕豆、豆腐丝、豆腐干等豆制品；急性胰腺炎发作时，可饮用高碳水化合物的清流质，但忌用能刺激胃液和胰液分泌的豆浆等；高蛋白高脂肪膳食容易引起痛风，因此，在急性期要禁用含嘌呤多的食物，包括干豆类及豆制品。

专家团队介绍

团队名称：大豆育种技术创新与新品种选育创新团队

专家数量：14 人

团队主要业绩：紧密围绕我国大豆产业发展的重大需求，开展大豆适应性、产量和品质性状的遗传研究，建立常规育种和分子育种相结合的现代育种技术体系；创制目标性状突出的育种新材料，培育适合黄淮海和东北大豆主产区的新品种。团队育成的中黄 13、中黄 30、中黄 35 和中黄 37 等大豆新品种先后入选农业部主导品种。中黄 13 自 2007 年以来推广面积稳居全国之首，累计推广 9 000 多万亩；中黄 30 年推广面积超过 50 万亩，成为西北地区大豆主栽品种之一；中黄 35 屡创全国大豆高产纪录，累计推广 200 多万亩；中黄 37 从 2010—2015 年累计推广 267 万亩，其中，2015 年种植面积突破 110 万亩，位居全国大豆品种第 9 位，已成为黄淮海地区主栽品种之一。

采写：李海燕　陈莹

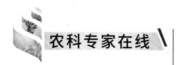

农科专家在线

食品安全

检测技术快速发展，为农产品安全保驾护航

王 静

研究员，博士生导师。中国农业科学院农业化学污染物残留检测与行为研究创新团队首席科学家、农业农村部农产品质量安全重点实验室副主任、中国农业科学院农产品质量与食物安全重点开放实验室主任，中国农业科学院农业质量标准与检测技术研究所农产品质量安全研究室主任。

农产品质量安全现状

(1) 温饱→食物丰富→食品安全：从1978年到2001年，我国从米袋子工程到菜篮子工程再到餐桌子工程，从解决温饱到丰富食物再到保障食品安全，一项项工程成效颇丰。

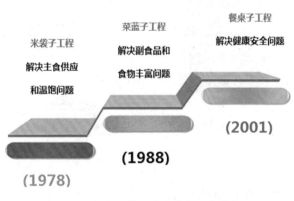

专项行动成效显著，总体稳定，持续向好

(2) 专项行动成效显著，总体稳定，持续向好：2001年启动实施了"无公害食品行动计划"——我国第一个较系统的农产品质量安全工作计划；持续开展农兽药、"瘦肉精"、三聚氰胺等专项整治行动，高压严打。

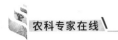

农产品质量安全检测技术发展如何?

(1) 现代快速样品前处理技术及发展趋势

(2) 快速检测技术

检测技术发展趋势

速度：越来越快

方法：灵敏度越来越高

检测方法的"类特异性"：要求越来越高

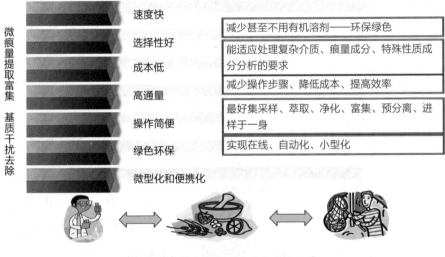

现代快速样品前处理技术及发展趋势

快速检测技术

多种污染物同时分析

检测方法的操作：更简便、易操作

检测方法："无试剂化"、仪器微型化和便携化

联用技术：应用越来越广泛

王静专家团队的科研工作进展如何？

说了这么多，你是不是很好奇王静专家和她的团队都在农产品质量安全方面做了哪些工作？有哪些成果应用于支撑保障我们舌尖上的安全呢？

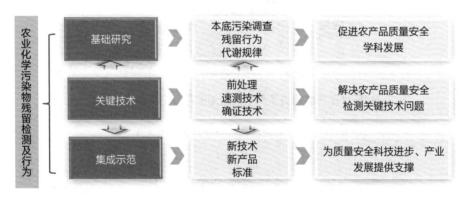

定位及研究方向

针对农产品中农药、农药助剂、环境污染物等开展快速样品前处理技术、多残留确证检测技术、快速检测技术及其产品研究以及污染物代谢行为研究。

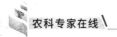

（1）高效前处理技术——分子印迹技术：实现了 17 种三嗪类、3 种磺酰脲类、2 种三唑类、草甘膦、10 种有机锡、7 种 β- 受体激动剂、三聚氰胺、氯霉素、壬基酚等 9 类污染物高效前处理技术从研发到产品的转化。

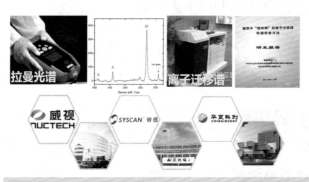

高效前处理技术 – 分子印迹技术

（2）快速检测技术：分子印迹荧光竞争速测技术，纳米杂化增强 SPR 检测技术，纳米杂化增强分子印迹电化学检测，化学发光免疫分析技术，生物条形码免疫分析技术。

分子印迹荧光竞争速测技术

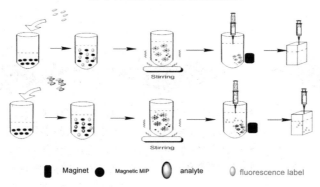

构建了复杂基质痕量物质的磁性分离与高效仿生识别的同步化荧光竞争技术

　　分子印迹高效样品前处理方法、分子印迹荧光竞争仿生识别快速检测技术等3篇论文被分析化学领域顶级期刊《Trends in Analytical Chemistry》引用并给予积极评价。

　　(3) 系列多残留确证同步检测技术：关于"植物生长调节剂"多残留同步确证检测技术论文，在 Web of Science 数据库近5年来（2010—2015年）的1 606篇文章中，引用率排名第6。方法连续多年被用于农业部（现为农业农村部）组织的全国水果质量安全普查。

　　当然，除了以上这些，农产品质量安全检测技术还有其他的成果。听

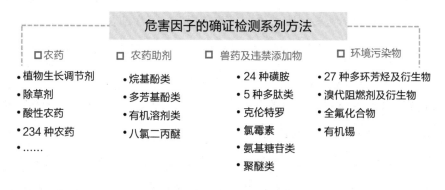

植物生长调节剂同步检测技术

着一项项这么接地气的检测技术，由衷的钦佩科学家们为我们的农产品质量安全保障做出的努力。

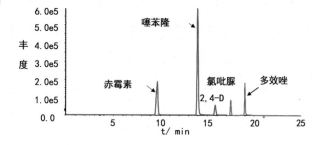

植物生长调节剂同步检测技术

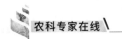

专家团队介绍

团队名称：农业化学污染物残留检测及行为研究创新团队

所属单位：中国农业科学院农业质量标准与检测技术研究所

团队主要研究内容：农产品中农药、农药助剂、环境污染物等高风险污染物的快速样品前处理技术、多残留确证检测技术、快速检测技术及其产品研发；农产品污染物代谢行为研究；农产品污染物限量标准及检测方法标准研究。

团队主要业绩：团队先后主持承担了"863"计划、国家自然科学基金（8项）、国家科技基础性工作专项重点项目、公益性农业行业科研专项、"十三五"国家重点研发计划、"948"项目、国家标准制定等国家或省部级项目或课题50余项，取得了一系列创新成果。已创制了9大类分子印迹固相萃取产品和7大类仿生识别核心元件，研发了25套高通量确证检测技术和10个精准识别快速检测产品，其中，部分研究成果在2016年"国家十二五科技创新成就展"上展出，分子印迹系列产品被列为"舌尖上的安全"六大成果之一在2015年全国农业科技重大成果展上展出。截至目前，通过农业部（现为农业农村部）科教司和中国农学会组织的成果鉴定或评价4项，其中分子印迹设计技术和免疫检测增敏技术被评价达到国际领先水平；获得北京市一等奖等省部级科技奖励13项；主编副主编出版《食品安全学》《食品安全科普知识100问》等著作10余部；发表论文220余篇；完成标准15项；获国家发明专利15项；培养食品安全与检测技术研究方向博士后、博士硕士研究生50余名。

采写：李海燕　陈莹

火眼金睛，这项新技术 1 小时把掺假羊肉打回原形

陈爱亮

研究员，博士生导师。中国农业科学院农业质量标准与检测技术研究所畜产品质量安全研究室副主任，中国农业科学院科技创新工程"动物源产品质量安全分析溯源与过程控制技术"团队执行首席。

朋友小聚，相约涮羊肉，满足了味蕾又放松了心情。然而不法商家用廉价的鸭肉等添加色素、香精制作出假冒的羊肉来欺骗消费者，吃到假肉败了兴致更伤了健康，通过专业检测技术便可把掺假羊肉打回原形！

羊肉也有"整容术"？ 当心吃到假羊肉

近几年，我国各地食药监系统均多次查出羊肉卷、羊肉串掺假现象，掺假方式主要包括掺鸭肉、猪肉和鸡肉等。在掺杂廉价肉时，为了使颜色味道与真羊肉更像，商贩可能会添加一些色素、香精等。我国食品安全国家标准《食品添加剂使用标准》(GB 2760—2014)明确规定禁止在生鲜肉中使用色素、香精等食品添加剂，有些人工色素香精会对人体健康具有潜在的危害。

Tips：

为谋取不当利益，故意向原辅料或食品中添加非食用物质，故意超范围、超限量使用农兽药和食品（饲料）添加剂或采用其他不适合人类食用的方法生产加工食品等的行为都称之为经济利益驱动型掺假（EMA）。

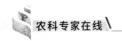

通过羊肉特异性 DNA 标记，准确判断掺假比例

为了解决这一问题，研究团队设计了一种适用于各种肉类通用的总 DNA 标记以及羊肉特异性的 DNA 标记，采用荧光定量 PCR 技术测定肉制品中这两种标记的含量比，通过这个含量比就可以推断样品中羊肉的比例。通俗地讲，如果二者相同，表示羊肉是纯羊肉，如果羊肉 DNA 标记只有肉类通用总 DNA 标记含量的 50%，则表示样品中有一半的羊肉，其他一半为掺假。

该方法无需预先知道样品中掺加了什么种类的肉，比如拿到一份羊肉，无须猪肉、鸭肉等逐个去检测，只需要检测肉类通用总 DNA 标记和羊肉特异 DNA 标记就可以判断羊肉是否掺假。同时为了缩短检测时间，方便现场应用，科研团队开发了快速荧光定量 PCR 试剂盒，包括 DNA 提取和结果检测，整个过程可以在 1 小时内完成。

鉴定试纸，让检测技术走出实验室

除了羊肉掺假量化判定技术外，研究团队开发出了一系列常见肉类品种鉴定试纸条产品，如羊肉试纸条、猪肉试纸条、鸭肉试纸条等。该试纸条同市场上现用的早早孕或者瘦肉精试纸条一样，通过肉眼观察红色线条是否出现即可判断结果。

以羊肉鉴定试纸条为例，首先进行核酸提取，然后进行等温 PCR 扩增，最后将扩增反应产物滴到试纸条上，几分钟后便可以观察结果，如果样品中有羊肉，纸条上就会出现两条红线，如果没有羊肉则只显示一条质控红线。该方法简单易行，整个过程在 30 分钟内即可完成，可以实现现场测定。

以上两项技术均已开发成试剂盒和试纸条产品，操作方便，经过简单的培训一般质检人员即可以熟练的使用。产品配套便携式的小型仪器，实现现场检测，便捷了质检人员的现场执法。该技术还可以用于羊奶、阿胶等掺假的鉴别。另外，更多的特色高值食品品种鉴定试纸条，比如银鳕鱼、蓝鳍金枪鱼等鱼肉品种鉴定试纸条等也在开发过程中。

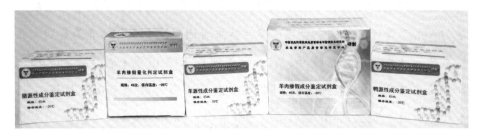

试剂盒

执法便捷，食品安全监管不再等

目前我国大部分食药监执法人员在对羊肉抽检时都需要送到专门的实验室去检测，一般情况下好几天才能出结果，而肉类食品具有鲜活特点，即使没有掺假，这些肉几天后也变质不能食用了。这种情况极大的限制了肉类产品掺假的日常监管，很多时候是遇到举报或出了食品安全问题才进行专项检查。因此，从监管的角度讲，简单快速现场的羊肉掺假量化判定技术及掺假肉类品种鉴定方法更有现实意义。

羊肉掺假量化判定技术及系列常见肉品种鉴定试纸条产品满足了食药监对肉类食品掺假的日常监管需要，为我国畜禽质量安全监管提供了有力技术支撑。

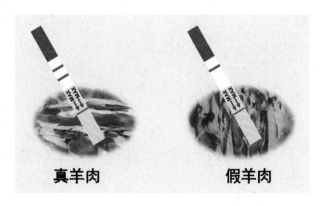

真假羊肉

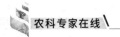

专家介绍

专家介绍：陈爱亮研究员 2008 年博士毕业于清华大学医学院生物医学工程系，目前主要从事食品危害物质快速检测技术及食品真伪鉴别溯源技术研究。先后承担科技部、农业部等项目课题 15 项；发表第一／通讯作者论文 40 余篇，其中，SCI 收录 30 余篇，影响因子 5 分以上有 9 篇，累计影响因子 125，累计他引次数 500 余次；以第一发明人申请发明专利 15 项，已获授权发明专利 4 项；发布食品安全检验方法标准 2 项；获邀相关学术研讨会报告 20 余次。获军队科技进步三等奖 1 项，排名第 3；中国分析测试协会科学技术奖三等奖 1 项，排名第 1。

采写：李海燕　陈莹　侯丹丹

中国优质奶的大旗，只能本土奶来扛

王加启

研究员，博士生导师。国务院食品安全专家委员会委员，动物营养学国家重点实验室
主任，第四届国家食物与营养咨询委员会委员，农业农村部奶产品风险评估实验室
（北京）主任，农业农村部奶及奶制品质量监督检验测试中心（北京）主任。

农业农村部奶产品质量安全风险评估实验室（北京）的长期研究表
明，进口奶制品普遍存在受热强度高、运输距离远、贮存时间长的问题，
导致奶中的活性物质受到"热伤害"，含量大幅度减少，很难为中国消费
者担当起优质奶的重任。

奶质好不好，看看糠氨酸就知道！

农业农村部奶产品质量安全风险评估实验室（北京）通过对国产奶和
进口奶进行科学系统的比较评估研究，确定奶制品中糠氨酸可以作为品质
高低的标记物。

糠氨酸是牛奶受热过程中的副产物，糠氨酸含量越高，说明奶制品加
工温度越高、保存时间越长或者运输距离越远。生乳中糠氨酸含量仅为
3~6 毫克 /100 克蛋白质，奶粉最高能达到 1 000 毫克 /100 克蛋白质以
上。糠氨酸含量越高，说明牛奶品质就越低！

只选进口奶？你可能进入了误区！

从全国 26 个城市的大型超市中抽样发现，国产 UHT 灭菌奶的糠氨酸

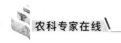

平均含量为 196 毫克 /100 克蛋白质，进口 UHT 灭菌奶糠氨酸平均含量为 227 毫克 /100 克蛋白质，显著高于国产 UHT 灭菌奶。按照国际上优质奶制品的标准衡量，这些进口奶制品都不是优质奶制品，其中，乳铁蛋白等对人体营养健康具有重要作用的活性物质也显著降低。

可见，洋牛奶在生产国消费的时候，它可能是优质奶，但是漂洋过海来到中国就很难再是优质奶。

优质乳工程，扛起中国牛奶高品质大旗

优质乳工程包含原料奶质量控制、乳品加工工艺优化、优质乳产品评价和优质乳标识 4 项内容。为了确保优质奶源，实施优质乳工程的企业，必须在牧场就建立质量安全的标准线、内控线和预警线，三道线一道比一道更严格。真正做到质量安全隐患早发现、早预警、早排除。

优化乳品加工工艺，是一次影响深远的技术革命。20 世纪 80 年代，我国的原料奶质量安全水平较低，乳品加工设备和工艺流程不得不附加很多过度加热环节，目的是牺牲品质，确保安全。如今，我国原料奶质量安全水平已经发生了翻天覆地的变化，但是加工设备和工艺没有随之改变。所以说，企业实施优质乳工程，就是要把那些多余的设备和工艺去除掉，不但不会增加成本，反而会大幅度降低成本，减少能耗。新希望雪兰公司等企业的实践表明，加工成本每小时减少 300 元以上，而且节约了大量水、清洗剂和劳力，每生产 1 吨优质乳产品，降低用水 120 千克，节约浓碱液 1.2 千克，每班次节约生产时间 2 小时。最重要的是优质巴氏奶的糠氨酸含量全部低于 12 毫克 /100 克蛋白质，质量稳定。可以看出，优质乳工程不但生产出了品质优异、营养健康的奶产品，而且是绿色低碳工程。

发展优质奶业，实现向绿色效益生产方式转型升级，为消费者提供安全健康、营养丰富、品质优质的奶产品，是推动奶业供给侧结构性改革的重大任务，也是振兴民族奶业的战略举措。

专家团队介绍

团队名称： 中国农业科学院北京畜牧兽医研究所奶业创新团队

所属单位： 中国农业科学院北京畜牧兽医研究所

团队介绍： 中国农业科学院北京畜牧兽医研究所奶业创新团队（Milk Research Team, MRT）是首批入选中国农业科学院科技创新工程的团队，现建有农业农村部奶业技术研究实验室、农业农村部奶及奶制品质量监督检验测试中心（北京）、农业农村部奶产品质量安全风险评估实验室（北京）、科技部奶业国际联合实验室和中国农业科学院奶产品质量安全风险评估研究中心。

团队主要研究内容： 奶牛营养与牛奶质量安全研究。主要包括：研究饲料营养与瘤胃微生物群落互作关系，探讨热应激影响奶牛机体代谢和牛奶品质的机理，解析奶牛乳腺中乳成分合成的信号通路，阐明牛奶重要营养品质形成的机理；开发奶产品危害因子的高通量检测技术；开展奶产品中霉菌毒素、重金属、兽药残留等危害因子的风险评估，探讨危害因子对细胞的毒性分子机理。

团队主要业绩： 团队以奶产品质量安全为核心，致力于奶牛健康养殖与牛奶品质形成机理、奶产品质量安全检测技术与方法、奶产品质量安全风险评估3个领域的研究。团队同时开展农业部生鲜乳质量安全监测和液态奶中复原乳监测等政府任务工作。近年来承担国家"973"计划、国家自然科学基金、农业农村部奶产品质量安全风险评估以及公益性行业（农业）科研专项等项目。获得国家科技进步奖二等奖2项、省部级奖励8项，发表SCI论文70余篇，中文文章300余篇，主编书籍4部，制定国家/行业标准6项，获得授权发明专利10项。

采写：李海燕　侯丹丹

无籽西瓜放心吃

刘文革

研究员，博士生导师。中国农业科学院郑州果树研究所西瓜甜瓜研究发展中心副主任，国家西甜瓜产业技术体系多倍体育种岗位科学家，中国农业科学院西甜瓜栽培与生理创新团队首席科学家，全国无籽西瓜科研与生产协作组组长。

无籽西瓜也是由种子长出来的

自古以来西瓜都是有籽的。当人们大嚼味甜多汁的西瓜以消暑解渴之际，却不得不频繁地吐出种子，实有厌烦之感。因此，人们早就渴望获得无籽的西瓜，以除美中不足。但是，这种奇想能够实现吗？1937年，多倍体诱导技术的发现为无籽西瓜的实现提供了契机。1943年，第一个三倍体无籽西瓜诞生了。但是无籽西瓜在我国大面积的推广始于20世纪90年代。其实无籽西瓜也是由种子长出来的，没有人们想象的那么神秘。

我们日常生活中所吃的有籽西瓜通常是二倍体西瓜，无籽西瓜是三倍体西瓜。以四倍体西瓜为母本，二倍体西瓜为父本，通过杂交可以得到三倍体无籽西瓜的种子，该种子播种下以后长出的植株即为无籽西瓜苗，因为无籽西瓜自身的花粉没有孕性，需要用二倍体西瓜的花粉进行授粉，结出的西瓜即是无籽西瓜。三倍体无籽西瓜是20世纪的一大发明，高中生物教科书都把三倍体无籽西瓜作为典型范例。

无籽西瓜，能放心吃吗？

无籽西瓜当然可以放心吃。无籽西瓜是通过传统的杂交育种培育的，没有通过人工激素处理，因此，无籽西瓜的培育过程不存在任何健康风险。无籽西瓜苗期长势较弱而且需要人工授粉，因此，其栽培管理模式较有籽西瓜更加精细。很多人在买到无籽西瓜之后发现里面还是有种子，会怀疑自己是不是买了假的无籽西瓜，其实不是，无籽西瓜果肉中的种子其实是没有发育的

新品种筛选

瘪子，咬开这个种子壳之后会发现其实这个种子壳内是没有仁的。

三倍体无籽西瓜没有那么简单！

三倍体无籽西瓜由于具有杂种优势和多倍体优势，抗病耐湿，优质、无籽，深受种植者和消费者欢迎。全国无籽西瓜面积从 1990 年的 10 万亩发展到目前的 350 万亩以上。随着我国经济发展和人民生活水平的不断提高，功能性营养食品越来越受欢迎。

西瓜果实富含番茄红素、瓜氨酸和维生素 C 等营养物质，番茄红素具有抗癌、防治心血管等疾病的作用，瓜氨酸能促进血液循环、保护心血管、抗衰老和提高免疫力，维生素 C 对于人体健康同样重要。

经过本团队多年的研究发现三倍体无籽西瓜果实中的这些营养物质的含量大于有籽西瓜，尤其是人们吃瓜最关注的含糖量，三倍体无籽西瓜比相应的二倍体有籽西瓜含糖量高 1~2 个百分点。且无籽西瓜糖分布较均

匀，瓤质脆，风味好，品质优，无子，食用方便，老少皆宜。

正常西瓜番茄红素的含量范围为 30~50 毫克 / 千克，我们选育出的高番茄红素含量的品种绿野无籽、莱卡红 2 号、中兴红 1 号番茄红素含量均超过了 80 毫克 / 千克。高瓜氨酸西瓜品种金兰无籽、红伟无籽，其瓜氨酸含量较常规品种高出一倍左右。

冰花无籽

高番茄红素——莱卡红 3 号

高番茄红素——绿野无籽

高瓜氨酸——红伟无籽

红太阳无籽

金兰无籽

这些功能性西瓜品种的选育实现了我国优质西瓜品种的更新换代，赋予了我国西瓜品种功能性和健康型新概念，为保障我国西瓜产业健康有序发展做出了突出贡献。

无籽西瓜怎么种？——配套栽培技术服务"三农"

破壳与催芽：采用 400 倍加收米（农药）或 400 倍加瑞农（农药）浸种 3~5 小时，清水冲洗 2~3 次，将种子表面残留药液洗净，指甲剪破壳，在保湿条件下，33~35 ℃恒温催芽。24 小时发芽，80% 种子芽长 0.5~1.0 厘米即可播种，直播可以采取催大芽适当晚播。

育苗、移栽：播种时间根据当地市场自主安排，通常大棚栽培于1月下旬或2月初育苗，露地3月下旬育苗，晴天上午播种于已准备好的苗床，覆土1厘米左右。幼苗出土期，易带种壳出土，需人工辅助摘帽。幼苗出土长至2~4片真叶可移栽。亩栽植密度400~650株，大棚爬地栽培可适当稀植，嫁接栽培450株左右，采用3蔓整枝。

人工授粉：按无籽西瓜、有籽西瓜为（8~10）：1配置授粉品种，开花盛期，每日清晨进行人工授粉，辅助坐果。为提高无籽西瓜坐果率，防止空秧，可在主蔓第3雌花和侧蔓第2雌花同时进行人工授粉。

人工辅助授粉

选瓜、留瓜：从第二雌花开始授粉，摘除第一、第二雌花果实，选留第三、第四雌花所结果实，也可采用三蔓整枝留双果的栽培模式。

加强肥水管理：在肥水充足的前提下，掌握"二促一控"原则，即苗期和果实膨大期合理增施肥水，促进幼苗生长和果实膨大，开花授粉期合理控施肥水，抑制生长，促进结果，多次坐瓜应追加施肥。

病虫害防控：苗期注意猝倒病等苗期病害，移栽大田后主要防控蚜虫，减少病毒病为害；盛花期注意防控青虫。

采收与运输：适时采收，长途运输时可8成熟采收，短距离运输时，基本完全成熟时采收，无籽西瓜可以在常温下贮存2个月以上。

大棚爬地栽培

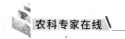

Tips：

中医认为，西瓜性寒，吃多了会伤脾助湿。特别是以下这些人不宜多吃：体虚胃寒、大便稀溏、消化不良者多吃西瓜会出现肚胀、腹泻、食欲下降等症状。肠胃功能不佳、夜尿多和常遗精者也不宜多吃西瓜。

专家团队介绍

团队名称： 多倍体西瓜育种团队

所属单位： 中国农业科学院郑州果树研究所

专家介绍：《果树学报》《中国瓜菜》等期刊编委。美国得克萨斯农工大学等高级访问学者，河南省政府特殊津贴获得者，九三学社社员。曾先后参加和主持国家科技支撑计划、河南省重大科技攻关等项目，目前主持国家自然科学基金面上项目3项，以及国家科技支撑、产业技术体系、创新工程项目等。主持选育三倍体无籽西瓜品种30多个，其中，16个西瓜品种通过国家和省级审定。主持的"高番茄红素、瓜氨酸、维生素C含量西瓜品种选育与应用"获得2015年河南省科技进步二等奖，其他国家和省部级奖2项，发表180余篇科技论文，出版著作2本。培养博士和硕士研究生13名。和美国、西班牙等国家有合作关系。

团队介绍： 团队工作主要工作三倍体无籽西瓜育种与生物技术，包括二倍体西瓜种质资源与选育、四倍体西瓜的诱变、三倍体西瓜的选育与推广、栽培生理研究工作。基础研究进行西瓜基因组重测序、多倍体西瓜的次生代谢和抗逆机理。选育三倍体无籽西瓜品种30多个，其中"郑抗无籽5号"等16个西瓜品种通过国家和省级审定。每年推广面积已经达20万亩以上，遍及20个省市无籽西瓜主产区。获得国家省部级奖励4个，发表200余篇科技论文，出版著作5本。

采写：李海燕　陈莹　朱妍婕

农产品质量安全科学解读系列之水果篇：别让谣言蒙蔽双眼

李祥洲

研究员，农业农村部农产品质量标准研究中心，中国农业科学院农业质量标准与检测技术研究所政策与信息研究室主任，《农产品质量与安全》杂志副主编兼编辑部主任，全国无公害农产品认证评审委员会委员。

近年来，农产品质量安全问题一直是媒体报道的热点，也是社会公众关注的焦点。

无籽水果是用避孕药种出来的吗？

（1）谣言事件：一段无籽葡萄是用避孕药培育出来的视频在微信朋友圈疯传，视频中一位"无名水果店"的水果商贩在车内与人对话，称无籽葡萄都"抹了避孕药"，不能给孩子吃。网络中有流言称，无籽水果中含有大量激素，是用避孕药处理来达到无籽效果的，经常食用对人体有害。由于"避孕药"与"无籽（子）"容易引发联想，不少网民表示"以后再也不敢食用无籽葡萄了"。

（2）问题实质："无籽水果是用避孕药种出来的"的说法纯属谣言，无籽水果的生产与避孕药毫无关系。

（3）科学真相：目前无籽水果的常见培育方法主要有 3 种。

无籽西瓜

第一种是利用植物激素处理，抑制种子生长而促进果实发育。

第二种是通过杂交，使原本能够产生种子的二倍体植物转变为不能产生种子的三倍体植物，无籽西瓜就是用这种方法生产的。

第三种是通过寻找自身产生的种子不育但又能够产生植物激素的植物突变个体来生产无籽水果。

水果上的白霜是农药残留吗？

蓝莓

（1）谣言事件：有网贴称，果皮表面的"白霜"是农药残留，对人体有一定毒性。

（2）问题实质："水果上的白霜是农药残留"的说法纯属谣言。水果上的"白霜"是水果本身分泌的糖醇类物质，是水果表面的蜡质或果粉，对人身体无害。

（3）科学真相：像人的皮肤一样，大多数被子植物的表皮细胞外都覆盖着一层角质膜，有些植物的果实（如葡萄、李子）和一些茎、叶（如甘蔗）在角质膜外还沉积着一层蜡质。水果上的"白霜"学名叫做"果粉"或"蜡质晶体"，就是植物表皮细胞角质膜外沉积的蜡质，是自我组装的蜡质晶体。

水果上的"白霜"对人体无害。科学家已经通过色谱等分析方法鉴定了这些蜡质晶体的化学成分，主要是葡萄糖、果糖、脂肪族化合物及一些酵母、植物活性成分等。

西瓜等瓜果会通过打针增甜增色吗?

（1）谣言事件：多个微信公众号发布"紧急通知，有一种西瓜不能吃！"的消息，说有很多黑心商贩给未成熟的西瓜打针，注射禁用食品添加剂甜蜜素和胭脂红，这些添加剂会损害肝肾、影响儿童智力发育。

西瓜

（2）问题实质："打针西瓜"一类网络爆料属谣言。"西瓜打针增甜"不仅不可行，还会使西瓜很快变质。

（3）科学真相：注射不能增甜，还会使西瓜很快变质。给西瓜打针既不能真正将所谓的增甜成分注入西瓜，也不能改善品质提高售价。在西瓜生长过程中及采收后，对西瓜果实采用打针方式注射液体物质，是不可能被西瓜吸收的。因为植物只通过维管束组织吸收水分与营养，强行注入的液体物质，只会在微小组织内积累，且会破坏西瓜瓤组织特性，不可能像传言中描述的那样西瓜瓤呈红色且汁液也很"丰富"。

草莓在水中掉色是不是因为染色了？

（1）谣言事件：网络论坛中曾有传言，"买回家的草莓用水浸泡后，草莓表面泛白，水则变红了，疑似染色草莓"，另有网友称，"正常情况下草莓表面的种子是金黄色，如果是红色的可能是染色草莓"。

草莓

（2）问题实质："草莓染色"一

217

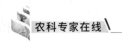

类问题系谣言。草莓不适宜染色。草莓保鲜期很短，尤其是沾水后极易腐烂。

(3) 科学真相：如果用染色剂去染草莓，染色的过程必定会接触到水，这样会使草莓还没上市就腐烂了。因为草莓本身就是红色的，拿在手上稍有点破损就会导致手指变红，放入水中一会儿也会使水变红。

另外，草莓太熟或者放久了也会出现掉色现象，这都是草莓自身的天然色素溶出所致。

此外，草莓种子是外露的，种子颜色随着草莓的成熟度在不断变化，草莓果实是青色时，种子也是青的，等草莓熟透了，种子也会随之变为红色。

真有"注水葡萄"吗？

(1) 谣言事件：有市民在小区门口买葡萄，回来发现，每颗葡萄上都有将近 10 个类似"针眼"的伤痕，网友怀疑这是"注水葡萄"。看完帖子，很多人表示愤慨，"真受不了这样的商贩"。

(2) 问题实质："注水葡萄"纯属谣言。给葡萄注水后，葡萄很快会腐烂变质不能食用，徒劳招损。

(3) 科学真相：葡萄无法注水。葡萄注水绝对不靠谱，纯属臆想。从保鲜角度讲，葡萄皮轻易不能破，一旦破了，营养就会流失，很快就腐烂。再说，500 克葡萄有 25~30 颗吧，发帖者说每颗葡萄打了近 10 针，1 公顷产量为 15 000 千克，这得雇多少人来打针？要多少劳动力啊？

葡萄表面疑似"针眼"的东西是葡萄生长过程中，病害管控留下的痕迹，没有毒性。

采写：李海燕　陈莹　侯丹丹

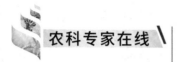

农科专家在线

农业经济

大数据时代扑面而来，农产品监测预警面临哪些新机遇

许世卫

研究员，博士生导师。中国农业科学院农业监测预警创新团队首席科学家，农业农村部农业信息服务技术重点实验室主任，农业农村部市场预警专家委员会秘书长。

随着海量信息的爆发，农业跨步迈入大数据时代。在大数据的推动下，农业监测预警工作的思维方式和工作范式发生了根本性的变化……

来看看"大数据"发展过程中标志性大事件

（1）2008 年《Nature》杂志设立"Big Data"专题。介绍了大数据应用所带来的挑战和机遇。

（2）2009 年吉姆.格雷提出数据密集型计算成为继试验科学、理论科学、计算科学之外的科学研究第四范式。

（3）2011 年《Science》刊登"Dealing with Data"专辑，指出分析数据的能力远落后于获取数据能力。

（4）2012 年 3 月，美国政府公布了"大数据研发计划"，基于大数据推动科研和创新。

（5）2012 年 5 月，香山科学会议第 424 次会议以"大数据"为主题，认为大数据时代已经来临，大数据已成为各行业共同面临的大问题。

（6）2012 年 11 月，香山科学会议第 445 次会议以"数据密集时代的科研信息化"为主题，讨论"大数据"时代的科研信息化问题。

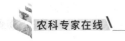

为什么说数据是一种战略资源？

　　农业大数据是大数据在农业领域的应用和延展，是开展农产品监测预警工作的重要技术支撑。它不仅保留了大数据自身具有的规模巨大、类型多样、价值密度低、处理速度快、精确度高和复杂度高等基本特征，还使得农业内部的信息流得到了延展和深化。

　　数据作为一种战略资源，可以有效的解决农业生产面临的复杂问题，

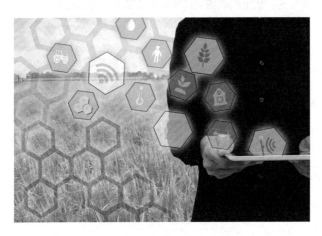

大数据时代农产品监测预警

从数据的获取、收集、分析，能够事半功倍的解决农业生产问题。通过传感器，作物本体检测手段，获取了土壤中的氮磷钾肥力等大量数据，对数据进行分析整理后可以有效指导农业生产中的施肥量，施肥时间等问题，进行合理规划，得出最合适的投入量，从而提高生产效率。大数据能够提前预测到未来市场的供给需求，可以有效降低生产投入并采取适当的措施进行智能化生产，对平抑物价起到调节作用。

　　农业大数据的数据获取，采集渠道和应用技术手段，无法通过人工调查得到数据，而需要依靠土壤传感器、环境传感器、作物长势生命本体传感器等手段支撑。由于技术更新、成本下降，使得农业有关生产市场流通等数据获取能力大幅提升。

大数据带给农业哪些重要变化？

　　（1）大数据使得农业进入全面感知时代，用总体替代样本成为可能。

（2）农业生产获得更多依靠数据的支撑，从此进入智慧农业时代。

（3）大量的数据可以优化生产布局，优化安排生产投入。

（4）大数据时代市场具有新变化：更有利于产销对接，在消费环节减少浪费，以及减少产后损失。

（5）大数据对农业的管理带来变化：过去的农业管理主要依靠行政手段指导和安排生产，大数据有利于分析提取特征，总结趋势，通过市场信号的释放引导市场进而引导生产。

农产品监测预警对大数据的迫切需求

农业大数据是现代化农业的高端管理工具，所谓监测预警就是监测数据，大数据贯穿于农产品从生产到流通到消费到餐桌整个过程的产品流、物资流、资金流、信息流，使产销匹配、生产和运输匹配、生产和消费匹配。农产品监测预警是对农产品生产、市场运行、消费需求、进出口贸易及供需平衡等情况进行全产业链的数据采集、信息分析、预测预警与信息发布的全过程。

农产品监测预警是现代农业稳定发展最重要的基础，大数据是做好监测预警工作的基础支撑。农业发展仍然面临着多重不安全因素，急需用大数据技术去突破困境。

（1）农业生产风险增加，急需提前获取灾害数据，早发现、早预警。

（2）农产品市场波动加剧，"过山车"式的暴涨暴跌时有发生，急需及时、全面、

农产品监测效果显著，大数据功不可没

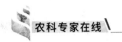

有效的信息，把握市场异常，稳定市场形势。

(3) 食物安全事件频发，急需全程监管透明化，惩戒违规行为。

农产品监测效果显著，大数据功不可没

(1) 监测对象和内容更加细化：随着农业大数据的发展，农产品信息空间的表达更加充分，信息分析的内容和对象更加细化。

(2) 数据获取更快捷：农业是一个包含自然、社会、经济和人类活动的复杂巨系统，在其中的生命体实时的"生长"出数据，呈现出生命体数字化的特征。农业物联网、无线网络传输等技术的蓬勃发展，极大地推动了监测数据的海量爆发，数据实现了由"传统静态"到"智能动态"的转变。

(3) 信息处理分析更加智能：在大数据背景下，数据存储与分析能力将成为未来最重要的核心能力。未来人工智能、数据挖掘、机器学习、数学建模、深度学习等技术将被广泛应用，我国农产品监测预警信息处理和分析将向着系统化、集成化、智能化方向发展。如中国农产品监测预警系统(China Agricultural Monitoring and Early Warning System，CAMES)已经在机理分析过程中实现了仿真化与智能化，做到了覆盖中国农产品市场上的 953 个主要品种，可以实现全天候即时性农产品信息监测与信息分析，用于不同区域不同产品的多类型分析预警。

(4) 数据服务更加精准：在大数据的支撑下，智能预警系统通过自动获取农业对象特征信号，将特征信号自动传递给研判系统。研判系统通过对海量数据自动进行信息处理与分析判别，自动生成和显示结论结果，发现农产品信息流的流量和流向，在纷繁的信息中抽取农产品市场发展运行的规律。最终形成的农产品市场监测数据与深度分析报告，将为政府部门掌握生产、流通、消费、库存和贸易等产业链变化、调控稳定市场提供重要的决策支持。

专家团队介绍

团队名称：中国农业科学院农业监测预警创新团队

所属单位：中国农业科学院农业信息研究所

专家介绍：许世卫，二级研究员，长期从事农业信息分析与预警、农业信息服务技术和食物安全等研究工作。多年来，在农业信息分析理论、农业监测预警方法与技术、农业信息智能服务技术等方面进行了重要探索，取得较为丰富的科技成果。先后主持国家、部门、国际合作科研课题40多项。获省部级和中国农业科学院科技成果奖8项。获得发明、实用新型专利和软件著作权登记多项。公开发表学术论文100余篇，出版专著15部。先后指导博士生、硕士生50多名（含外国留学生）。

团队介绍：中国农业科学院农业监测预警创新团队是以农业信息监测、分析、预测、预警的理论方法创新、关键技术突破、先进系统研发为主要研究任务的科研群体。现有科技人员50人，包括国家"863"计划主题专家1人，全国农业科研杰出人才2人，享受国务院特殊津贴专家1人。近5年来主持和参加科研课题98项，取得省部级科技成果5项，获得发明及实用新型专利25项，发表论文612篇（SCI/EI论文67篇），出版学术专著20部。团队被评为全国农业杰出人才与优秀创新团队。

采写：李海燕　侯丹丹

拓宽果品外延，看一只苹果的72变

曹永生

研究员，博士生导师。中国农业科学院郑州果树研究所所长，国家农作物种质资源平台管理中心主任。

什么是果品外延

随着人民生活水平的提高，为了满足人民日益增长的美好生活需要和优美生态环境需要，果品的外延必须拓展。狭义的果品是指水果和干果的总称，广义的果品是指果树和瓜类产品的总称。基于果品广义内涵，果品外延分为 11 大类 36 小类，简称 36 品。

果品外延　小苹果的大变身

（1）特殊品种

仙品：亚当夏娃偷吃的苹果就是传说中的仙果和圣果，伊甸园中种植的果树就是苹果树，这些果品随着神话故事流传至今，深受世人喜爱，在特殊的环境里，就需要这些特殊的品种。要加强苹果等仙果概念和故事的挖掘、整理、宣传，培育水果中的极品。

贡品：苹果中的贡品较多。如辽宁苹果、烟台苹果、灵宝苹果等。要进一步挖掘苹果贡品种类、历史、文化、民俗，研究贡品产地环境与品质的关系，收集保存贡品苹果种质资源，开展杂交育种。

礼品：培育礼品苹果专用品种，研究礼品苹果保鲜储运技术，开展礼品苹果包装设计，研发礼品苹果保鲜储运产品。

（2）特殊用途

吉品：苹果是吉祥品，寓意平安。要挖掘、打造像平安夜苹果这样的吉祥品。

寿品：中国的长寿之乡生态环境都非常好，种植果树可有效改善生态环境，山东莱州（主要种植苹果）等长寿之乡就是典型案例。要研究长寿之乡与果品的相关性，研究苹果等与长寿相关的活性成分及作用机理。

华硕（中国农业科学院郑州果树研究所育成苹果品种）

祭品：苹果是最常用的祭品。要研究祭祀果品的种类、历史、民俗、寓意，剖析水果祭品的生态、环保意义。

（3）加工用途

食品：凸显苹果等瓜果对保障国家食物安全的贡献和作用，培育加工专用苹果新品种，强化野生果树资源利用，研发果品加工技术，开发果干、果粉、果脯、果饼、果糕、果派、果冻、果膏、果糖、果酱、果仁、果片、果泥、果丹皮、蜜饯、水果冰淇淋、水果罐头、速冻水果、水果菜肴、炒水果、烤水果、炸果圈、膨化水果、盐水水果、醉果、调味品等多样性食品，加强成果转化应用。

饮品：培育饮品加工专用苹果新品种，研发加工技术，研发果酒、果醋、果汁、果茶、果露、水果酵素等饮品，增加饮品人均消费量。

药品：苹果具有生津止渴、润肺除烦、健脾益胃、养心益气、润肠、止泻、解暑、醒酒等功效，是最天然的药品。研究药食同源果品及特性，

培育专用药品原料品种，研制活性成分提取技术，研发瓜果药品。

饰品：利用苹果形状或材料等开发饰品。开发家庭用、办公室用、节庆用、穿戴用饰品。开发"水果首饰"等果品创意产品，把水果变成"宝石"。

采摘

（4）优质程度

优品：培育优质苹果新品种，研发优质栽培技术体系，开发优质苹果。

名品：开展苹果分级研究，加强品牌建设，把优质苹果打造成为名品。

珍品：优中选优，限量生产，做到稀缺，把优质苹果打造成为珍品。

极品：把苹果品种、技术、品质、产品做到极致，生产"令人难忘"的苹果极品。"咬上一口，那种好吃的味道，会让人情不自禁地想要流泪，苹果中充满了活在这个世界的喜悦之情"，这就是极品苹果。

（5）稀缺程度

消费品：培育优质、广适新品种，如富士、华冠、华硕、红珍珠、锦秀红苹果等，成为大众消费的主打品种。

稀缺品：收集珍稀苹果种质资源，拓宽遗传多样性，培育多样性优质苹果新品种，培育和生产中高端苹果新品种，成为市场的稀缺果品。

奢侈品：苹果奢侈品应具有独特、稀缺、珍奇等特点。选育优质品种，建设品牌，集成设计理念、历史积淀和文化传承，打造苹果奢侈品牌。

（6）营养健康

营养品：培养优质、营养全面的苹果新品种，研发相应的栽培技术，明确苹果品种的有效营养成分，开发富硒水果等。

健康品：阐明苹果对健康的作用和机理，研发特殊人群消费的果品，推广健康水果，为"健康中国"提供科技支撑。

保健品：研究不同人群最适合的苹果种类与搭配，研发富硒水果、酵素等保健品，开发心果宝等特殊产品。

养生品：研究苹果的养生功能，开发养生果品。

（7）特殊成分

化妆品：苹果中维生素种类多，抗氧化、富含对人体有益的铁、锌、锰、钙等微量元素，经常食用，可起到帮助消化、养颜润肤的独特作用。因此越来越多人吃苹果等水果美容，水果中还不乏天然的排毒剂。要研究果品的美容养颜效果，研制相应的化妆品。

减肥品：研究苹果减肥的效果，研究果品减肥的机理和作用，研发减肥水果，如苹果、蓝莓、树莓、草莓、杏、哈密瓜等。

聪明品：苹果是聪明果。研究苹果、蓝莓等果品的健脑功能和作用。

（8）文化艺术

观赏品：收集保存观赏苹果种质资源，选育观赏品种，发掘叶、花、果、枝的观赏价值，研究延长观赏期技术，研发观赏苹果栽培模式，开发盆栽观赏果树，发展庭院瓜果，建立果树观赏带、区。

文化品：挖掘有关苹果的神话、传说、诗词、民间故事、文化符号、文化精神等，阐释瓜果文化，开发核桃等文玩品，研发水果宴等。

艺术品：研发盆栽苹果艺术品和老果树景观艺术品，开发苹果书画艺术品，开发苹果根、茎、叶、花、果、籽艺术品。

（9）民俗宗教

民俗品：世界上有 3 个著名的"苹果"，一个诱惑了夏娃，一个砸中

华美（中国农业科学院郑州果树研究所
育成苹果品种）

了牛顿，还有一个握在了乔布斯手中。在中国民俗中，苹果通常象征平平安安（取"苹"的谐音）、硕果累累。应大力开展果树民族植物学研究，挖掘瓜果的民俗符号，开发相应的民俗品。

宗教品：挖掘整理有关苹果的宗教故事，研发祭祀专用果品。

（10）休闲旅游

采摘品：加强采摘专用苹果品种培育，构建多树种、多品种果园，做到品种适合采摘、全年可以采摘、采摘品种多样。

观光品：研究基于观光用途的苹果树、花、果品种搭配，研发基于观光用途的栽培模式，设计果树盆景，开展果园园林设计和建设。

休闲品：开发苹果休闲食品、休闲果园、体验果园等。

旅游品：开发多种以苹果、果园为基础的旅游产品。包括花、果、树，食品、饮品、药品、饰品、礼品、吉品、营养品、保健品、化妆品、减肥品、观赏品、文化品、艺术品，等等。

（11）绿色生态

绿色品：研究制定绿色苹果标准，构建绿色苹果全程质控技术体系。

有机品：研发生物农药，研究建立有机苹果生产技术体系，建立有机果园示范基地。

生态品：构建生态果园建设综合技术，建立生态果园示范基地，开展以苹果等果树为核心的田园综合体试点，加强果树生态学研究，保护果树种质资源，凸显果业在生态文明建设中的地位和作用，为"美丽中国"建设提供科技支撑。

果品外延的意义和作用

拓展果品外延是为了提高我国果树科研的深度和广度，满足新时代人民日益增长的美好生活需要和优美生态环境需要，为保障国家食物安全、食品安全和生态安全，促进人民健康、增加农民收入，提高我国果树产业的国际竞争力提供更强有力的科技支撑。

果品是绿色品和生态品，可以支撑美丽中国建设；果品是营养品和健康品，可以支撑健康中国建设；果品经济价值高，深受消费者欢迎，可以支撑乡村振兴战略实施。

因此，要以果品外延拓展为契机，拓宽产业链，强化全产业链科技创新、技术集成和产业引领，实现一二三产业深度融合，建设绿色、生态果园，打造田园风光、世外桃源和人间仙境，支撑我国"果业强、果农富、果乡美"目标的早日实现。

专家介绍

曹永生研究员长期从事作物资源信息管理和信息系统研究。研究成果获国家科技进步一等奖、二等奖、三等奖各一项，农业农村部和北京市科技进步一等奖各一项。主编《中国主要农作物种质资源地理分布图集》等专著九部，出版译著一部，参编著作18部。在国内外学术刊物上发表论文140多篇。组织编写了《农作物种质资源技术规范》丛书120册。

采写：李海燕　侯丹丹

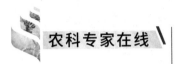

农科专家在线

大地丰碑

大地丰碑
——中国农业科学院建院 60 周年

一碗饭，得则安；一领衣，得则暖；一群人，以科技兴农事，为民生谋福祉；左肩国家使命，右肩社稷如磐！

从 1957 出发，他们担负起中国农业科技创新国家队、改革排头兵和决策智囊团的光荣使命，在田野上写下壮丽篇章。

（一）

1957 年 3 月，中国农业科学院在北京诞生。周恩来总理亲自任命"稻作科学之父"丁颖为首任院长。从此，中国农业科学院作为国家重要的战略科技力量，担负起重大农业科技任务策划者、承担者、引领者的历史重任。

60 年砥砺前行，肩负人民厚望、祖国重托的中国农业科学院由当初17 个科研机构，发展到现在的 34 个研究所，构成中国当代农业科技战线上最强阵容。60 年初心不改，中国农业科学院面向国家重大需求、面向"三农"建设主战场、面向世界农业科技前沿，用心血和汗水换来五谷丰登。

（二）

保障人民温饱，是中国农业科学院成立伊始面临的首要任务。一代代农科人矢志不渝、执着创新，用一粒粒种子改变着生活，改变着世界。

种质资源是保障国家粮食安全，支撑现代农业发展的战略性资源。这里，保存着 48 万份农作物种质资源，居世界第二。几十年来，中国农业科学院组织开展全国性种质资源调查搜集，为农业科技原始创新、发展现代种业，提供了坚实保障。

中国农业科学院水稻品种改良引领世界，为解决温饱作出了卓越贡献。他们发起杂交水稻协作研究，带领全国农业科技力量，在世界上首次实现水稻的三系配套，使水稻单产大幅跃升；超级稻研究突破了抗性和产量协调的矛盾，新品种年推广面积占全国 1/4；水稻杂种优势研究实现了品质、产量与抗性的全面提高。

以金善宝、戴松恩、庄巧生院士为代表的一批科学家推动引领了我国小麦育种水平的大幅提升。他们首创矮败小麦高效育种体系，带来了小麦育种技术新的革命。

自强不息的农科人开展玉米科技攻关，先后培育出"白单 4 号""中单 2 号""中单 808"和"中单 909"等系列品种，推广面积达 7 亿亩。

在祖国大江南北，到处可见"中棉所"系列棉花品种，农科人培育出近百个品种，占据全国棉田的"半壁江山"。他们自主研发的转基因抗虫棉，打破了国外垄断，使国产抗虫棉面积达到 97% 以上。棉花亩产比 1957 年增长了 4 倍。"衣被天下"的愿望在一代代农科人手中实现。

不畏艰辛的农科人选育大豆品种 80 多个。"中黄 13"：连续 9 年位居全国大豆种植面积之首。"中黄 35"：创造出亩产 421.37 千克的全国纪录。"中双""中油杂"系列油菜品种的选育，覆盖全国油菜种植面积 1/3 以上，引领了我国油菜产业的 3 次飞跃，亩产比 1957 年增长 4 倍。

油菜花田

"仓廪实，天下安！"一个个具有里程碑意义的品种，被亿万农民播撒向希望的田野，助力我国主要粮食亩产由 1957 年的 110 千克，提高到超过 400 多千克。

（三）

琳琅满目的果、蔬、茶、肉、蛋、奶，不断丰富着人们的餐桌，让人民吃得营养、健康、安全，是农科人更高的追求。

60 年来，中国农业科学院培育出蔬菜新品种 200 多个，满足了人们的多样化需求，保障了蔬菜周年供应。首创甘蓝不育系育种技术体系，育成我国第一个甘蓝杂交种"京丰一号"，甘蓝系列品种播种面积占全国的 60%。而西瓜、梨、桃、柑橘等 230 多个优质瓜果类新品种，在主产区大面积种植。同时，农科人培育的大通牦牛覆盖我国牦牛产区的75%；引进改良的中国西门塔尔牛种群规模达 100 万头；节粮优质的京星黄羽肉鸡有效解决了肉鸡优质高产高效的难题；国产化北京鸭引领了

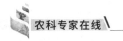

水禽育种新方向；高山美利奴羊是我国首例适应高山高寒干旱区的细毛羊新品种。

高山美利奴羊群　　　　　　　　　中国西门塔尔牛群

依托近 80 个质检中心和风险评估实验室，中国农业科学院构筑起农产品质量安全保障体系，有效保障了"舌尖"上的安全。千百年来，中国人的饭碗从未如此丰盈。他们承载着中国人的健康生活，也盛满农业科技人员为农产品供给作出的贡献。

（四）

为保障我国农业的绿色健康发展，一代代农科人以忘我的精神，责无旁贷地肩负起防控动植物重大疫情的历史使命。

禽流感曾重创全球养殖业。中国农业科学院以 20 年的研究积累，有效控制了高致病性禽流感疫情。一批拥有自主知识产权的高致病性畜禽疫苗打破了国外技术壁垒和垄断，守护了畜牧产业安全。禽流感、口蹄疫等防控技术和疫苗研发成为中国科技的闪亮名片。在 20 世纪中国重大工程技术成就评选中，动物医学领域仅有的 4 项，均由中国农业科学院研制。中华人民共和国成立以来获批的 4 个一类化学新兽药有 3 个来自中国农业科学院。

中国农业科学院牵头建立了我国动物营养标准与绿色健康养殖体系，饲用酶技术打破国外垄断，饲料转化效率提高 60%。而作物重要病虫害综合防控技术体系的研究，有效控制了小麦条锈病、赤霉病、棉铃虫、稻飞虱的蔓延态势，让粮棉生产避免了灭顶之灾。此外，由中国农业科学院牵头开展的黄淮海、南方红黄壤和北方旱农区的中低产田治理，长期坚持土肥定位监测，新型肥料和施肥技术创制，为我国区域农业综合开发提供了科学的解决方案。

秉承优秀传统，兼收时代精神。新一代农科人急速前行在科技最前沿。中国农业科学院关于主要作物基因解析领先全球。在世界上，中国农业科学院首次完成马铃薯、黄瓜等作物的基因组测定和解析，为大幅提升育种效率，提供坚实基础。鉴定出了猪肉品质关键基因，并成功改良中国地方猪种，对中国猪育种业的发展具有重大战略意义。植物工厂，彻底颠覆了传统农业生产方式。农科人让植物工厂走出实验室，走进海岛，走向太空，为未来食物保障提供了新途径。中国农业科学院领衔开展农业遥感研究，构建起空、天、地农业感知系统，科学指导农业生产、助推农业转型升级、服务于国内外农产品贸易。中国小麦品种改良及谱系分析、中国中长期食物发展战略、粮食产需平衡等宏观研究，为制定现代农业发展战略，保障粮食安全，推动农业科技进步，提供了重要的决策依据。

植物工厂

60 年来，中国农业科学院共取得科技成果 6 000 余项，荣获国家级奖 310 项，其中，一等奖占全国农业领域 1/3。以 29 位院士为代表的一大批杰出科学家，成为科技创新的领军人才；培育的 1 万多名硕士、博

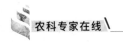

士研究生，成为现代农业发展的生力军。

凡是过去，皆是序章。今天，中国农业科学院积极践行"创新驱动发展"战略，以愈加坚定的步伐走在"建成世界一流农业科研院所"的征程上。

他们实施农业科技创新工程、牵头国家农业科技创新联盟建设，担负起农业科技改革创新排头兵的重任；他们开展重大协同创新行动，组织绿色增产增效技术集成创新，以科技助力农业供给侧结构性改革；他们积极构建农业科技国际布局，成立海外农业研究中心，参与全球农业科技合作，带领我国农业科技跃居世界先进行列。

从 1957 到 2017，他们薪火相传，富足天下粮仓！

从 1957 到 2017，他们忠诚担当，夯实大国根基！

60 年默默耕耘，60 年砥砺奋进，中国农业科学院用几代人的青春和热血铸就大地丰碑！

今天，他们将再次出发。按照习近平总书记"农业出路在现代化，农业现代化关键在科技进步"的要求，深耕祖国大地，催生新的梦想，为将中国建成世界科技强国，实现中华民族伟大复兴不懈奋斗，一路向前！

撰稿：姜梅林　董照辉

国之栋梁　60年筚路蓝缕，历任中国农业科学院院长

肩负科技兴农使命，砥砺前行

六十年栉风沐雨，薪火相传，中国农业科学院历任院长不畏艰难，带领农科人为推动农业发展做出卓越贡献。

首任院长

丁　颖

1888—1964

任期：1957年9月至1964年10月

农业科学家、教育家、水稻专家

广东高州人，1955年被选聘为中国科学院学部委员，1956年加入中国共产党。1924年日本东京帝国大学农学部毕业。回国后任广东大学（后改为中山大学）农学院教授、院长。中华人民共和国成立后，历任华南农学院院长、中国农业科学院院长、中国科学技术协会副主席，第一、第二、第三届全国人大代表。全苏列宁农业科学院、民主德国农业科学院、捷克斯洛伐克农业科学院的通讯院士、荣誉院士。毕生从事水稻研究工作，论证了我国是栽培稻种的原产地，奠定稻种分类的理论基础，创立水稻品种多型性理论，主持水稻品种对光、温条件反应特性研究，用野生稻与栽培稻杂交获得世界上第一个水稻"千粒穗"品系，选育出60多个优良品种。撰写水稻研究论文140多篇，主编《中国水稻栽培学》等著作，出版有《丁颖稻作论文选集》。

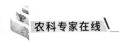
第二任院长

金善宝

1895—1997

任期：1965年7月至1970年8月，

1978年7月至1982年6月

农业科学家、教育家、小麦专家

浙江诸暨人，1955年被选聘为中国科学院学部委员，1956年加入中国共产党。1927年东南大学农艺系毕业，1930年赴美在康乃尔大学和明尼苏达大学进修。1932年回国，先后在浙江大学、中央大学、江南大学任副教授、教授、农艺系主任。中华人民共和国成立后，历任南京大学农学院院长、华东军政委员会农林部副部长、南京农学院院长、南京市副市长、中国农业科学院院长、中国科协副主席、九三学社中央名誉主席、中国农学会名誉会长，第一届至第六届全国人大代表。全苏列宁农业科学院通讯院士。长期从事小麦科学研究工作。培育出"中大2419""矮粒多"等优良品种。1949年以后，对全国征集到的5544个小麦品种进行了系统研究，确立了5个种、126个变种，发现了对中国小麦起源和世界小麦研究具有重要意义的云南小麦新种，培育出"京红""京春"春小麦新品种。著有《中国小麦分类的初步》《中国小麦品种志》《中国小麦生态学》《中国小麦栽培学》等，出版有《金善宝文选》。

第三任院长

卢良恕

1924—2017

任期：1982 年 6 月至 1987 年 12 月

农学家、小麦专家、农业宏观发展战略专家

浙江湖州人，1953 年加入中国共产党，1994 年当选为中国工程院院士。1947 年毕业于金陵大学农艺系。历任华东农业科学研究所小麦研究组组长、江苏省农业科学院院长、农业部党组成员、中国农业科学院院长、农业部科学技术委员会副主任、中国农学会会长、中国工程院副院长、国家发明奖评审委员会副主任，十二届中共中央候补委员，第三、第五届全国人大代表。曾任中国农业专家咨询团主任、国家食物与营养咨询委员会主任、农业部专家咨询委员会副主任、中国农学会名誉会长等职。早期主持选育了"华东 6 号"等系列小麦优良品种。20 世纪 80 年代以来，先后主持完成中国粮食与经济作物发展综合研究，我国中长期食物发展战略研究，中国农业现代化的理论、道路、模式等国家重点项目，提出了"现代集约持续农业""现代食物安全"等重要战略观点。发表学术论文 200 多篇，著有《中国农业持续发展》《中国立体农业》《中国农业发展理论与实践》等，出版有《卢良恕文选》。

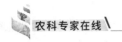
第四任院长

王连铮

1930—

任期：1987 年 12 月至 1994 年 11 月

农学家、大豆专家

辽宁海城人，1953 年加入中国共产党。
1954 年毕业于东北农学院，1960 年赴苏联在莫
斯科农学院从事作物遗传育种研究，获得博士
学位。1962 年回国，历任黑龙江省农业科学院
院长、黑龙江省政府常务副省长、党组副书记，农业部常务副部长、党组
副书记，中国农业科学院院长、党组书记、中国农学会副会长、中国科协
副主席、联合国粮农组织亚太地区农业科研理事会常务理事，中共十二大
代表、第八届全国政协委员、第九届全国人大代表、农业委员会委员等。
1988 年被选为苏联农科院院士（1991 年改为俄罗斯农科院院士）、1994
年被选为印度农科院院士。长期从事大豆遗传育种研究，提出有限与无限
品种杂交、利用纬度差异大的亲本杂交可产生广适应性品种、大豆的单株
粒重与产量相关极显著等一系列理论，共育成大豆品种 34 个，累计推广
1.5 亿亩。先后获得国家科技进步一等奖 1 项、国家发明二等奖 2 项，发
表论文 170 余篇，著有《大豆遗传育种学》《现代中国大豆》等。

第五任院长

吕飞杰

1943—

任期：1994 年 11 月至 2001 年 7 月

农学家、农产品加工专家

福建厦门人，1984 年加入中国共产党。1964 年毕业于华南热带作物学院，1982 年赴美国在麻省州立大学担任访问学者，1984 年回国。历任华南热带作物学院教授、院长，中国农业科学院院长、党组书记，国务院扶贫开发领导小组副组长、办公室主任、党组书记，中共十五大代表、候补中央委员、第十届全国政协委员。长期从事天然橡胶和热带农产品的加工工艺、分子结构与性能的研究。研究成功的剪切法标准胶生产工艺，广泛应用于我国的橡胶生产。研究开发的高聚物共混物，开拓了功能高聚物的新领域，有重要的应用价值。在国内外刊物发表学术论文近百篇。

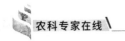
第六任院长

翟虎渠

1950—

任期：2001 年 7 月至 2011 年 10 月

农业科学家、教育家、水稻专家

江苏涟水人，1971 年加入中国共产党。1977 年毕业于江苏农学院，1981 年获南京农业大学农学硕士学位，1987 年获英国伯明翰大学遗传学博士学位。历任南京农业大学校长，中国农业科学院院长、党组书记，中国科协常务委员、国务院学位委员会委员、中国农学会副会长，中共十六、十七届中央候补委员，十二届全国人大代表、农业与农村委员会委员。印度农科院、俄罗斯农科院、罗马尼亚农科院院士。长期从事数量遗传及作物遗传育种研究，首次从遗传学上证实部分品种在雄配子不育位点上存在中性亲和基因，在水稻育种及烟草研究方面取得一系列成果。倡导组织成立了全国农业科研协作网，提出"国家农业科技创新体系建设方略"，核心内容写入了 2005 年、2006 年中央一号文件及有关中央文件中。曾作为专项总师，积极推动转基因生物新品种培育重大专项立项和组织实施。组织农作物基因资源与基因改良国家重大科学工程建设与运行管理，取得重大进展和成效。发表论文 200 余篇，主编《应用数量遗传》《农业概论》《科技创新与现代农业》《中国粮食安全国家战略研究》等著作。

第七任院长

李家洋

1956—

任期：2011 年 10 月至 2016 年 12 月

农业科学家、植物分子遗传学家

安徽肥西人。1981 年加入中国共产党，
2001 年当选中国科学院院士，2004 年当选发展
中国家科学院院士，2011 年当选美国科学院外
籍院士，2012 年当选为德国科学院院士，2013
年当选欧洲分子生物学组织外籍成员，2014 年当选国际欧亚科学院院士，
2015 年当选英国皇家学会外籍会员。1982 年年初获安徽农学院学士学
位，1984 年获中国科学院遗传研究所硕士学位，1991 年获美国布兰代斯
大学博士学位，并进入美国康奈尔大学汤普逊植物研究所从事博士后研
究，1994 年任中国科学院遗传研究所研究员。历任中国科学院遗传研究
所所长助理、所长，遗传与发育生物学研究所所长，中国科学院副院长、
党组成员，农业部副部长、党组成员、中国农业科学院院长，第十八届中
央候补委员。长期从事高等植物生长发育与代谢的分子遗传学研究。以粮
食作物水稻和模式植物拟南芥为材料，研究植物激素的合成途径与作用机
理，着重于阐明高等植物株型形成的分子机理，并致力于水稻品种设计，
培育高产、优质、高抗、高效新品种。获得国家自然科学二等奖 1 项，发
表论文 130 余篇。

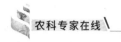
现任院长

唐华俊

1960—

任期：2016 年 12 月至今

农业土地资源专家

四川阆中人，1990 年加入中国共产党，2015 年当选中国工程院院士。1982 年毕业于西南农业大学，1991 年毕业于比利时根特大学土地（土壤）资源专业获博士学位。1993 年回国，历任中国农业科学院农业自然资源和农业区划研究所所长、农业资源与农业区划研究所所长、中国农业科学院副院长、党组副书记、农业农村部党组成员、中国农业科学院院长。比利时皇家科学院（海外）通讯院士。长期从事基于遥感技术的农业土地资源合理利用、农作物种植面积空间分布和结构变化研究。在传统耕地资源研究基础上，开拓到耕地内部的农作物空间格局研究。发展了农作物遥感监测系统，科学监测农作物播种面积、种植区域及产量；创建了系列空间模型，定量解析我国主要农作物种植面积空间分布和结构变化过程及规律；建立了耦合自然和社会经济因子的综合模型，模拟未来农作物空间分布变化趋势及其对我国粮食安全的影响。先后获得国家科技进步二等奖 2 项，发表论文 220 余篇，出版著作 10 部。

端稳13亿人的饭碗，60年农业科技攻关成果卓著

唐华俊

汉族，1960年10月生，四川省阆中市人，中共党员，农业土地资源专家。现任农业农村部党组成员、中国农业科学院院长、中国工程院院士，比利时皇家科学院（海外）通讯院士。

陈萌山

汉族，1957年8月出生，湖北省黄梅县人。1974年4月参加工作，1977年3月加入中国共产党，1982年华中农学院农学专业毕业。现任中国农业科学院党组书记。

六十年来，中国农业科学院全面贯彻落实党中央、国务院关于农业、农村与农业科技工作的方针政策，面向国家重大需求、面向世界科技前沿、面向"三农"建设主战场，坚持"顶天立地"的科技创新方向，大力开展关键技术攻关，从农业种质资源收集保护利用、新品种选育、重大病虫草鼠害防治、集约化种植养殖技术开发、农业资源高效循环利用与环境保护、转基因应用、农产品质量安全检测、农业信息化技术等，突破了一个又一个技术难关，为我国粮食与农业综合生产能力的稳步提高发挥了不可替代的作用。

建院初期

20世纪60年代初，建立了湖南祁阳"冬干坐秋，坐秋施磷，磷肥治标，绿肥治本，一季改双季，晚稻超早稻"等一套完备的理论、方法、技术体系，彻底解决了水稻"坐秋"危害，显著提高了南方红壤地区水稻产量。

揭示了豫北地区土壤的水盐运动规律，解除了豫北地区盐渍土导致的次生盐渍化对农业生产的毁灭性威胁，提出了半湿润季风气候区水盐运动等理论，突破了经济施肥培肥、土壤改良技术、中低产田改造等多项重大关键性技术，为我国中低产田改造、测土施肥等提供了完整的理论、方法和技术支撑。

揭示了亚砷酸根在土壤中的化学行为，为改良"砷毒田"提供了系统的理论与方法依据，提出了"水平浅沟、沟坑相连、分散蓄水"的工程措施，为有效解决红壤地区旱坡地季节性干旱缺水问题。

马传染性贫血病弱毒疫苗

实现雄性不育系、保持系、恢复系"三系"配套，建立了完整的杂交水稻繁殖制种和高产栽培的理论、方法与技术体系，实现了杂交水稻在生产中的广泛应用。

攻克了马传染性贫血病免疫技术难关，成功研制出马传贫弱毒疫苗，突破了慢病毒免疫的世界性难题。

1978 年至"六五"时期

培育出近 30 年来我国种植面积最大的玉米杂交种"中单 2 号"，在多抗、丰产、适应性广等综合性状上，超过了从美国、欧洲引进的优良玉米杂交种。

多抗丰产玉米杂交种"中单 2 号"

利用自交不亲和系育成我国第一个甘蓝杂交一代新品种"京丰 1 号"，填补了国内在甘蓝杂交育种研究方面的空白。

培育出抗病偏高糖型甜菜多倍

体品种"甜研301"等系列品种。

培育出棉花抗枯萎病、高产新品种"86-1号"。攻克控制棉花主要病虫害综合防治对策及关键技术。

培育出"甘油3号""甘油5号""中油821"。等油菜品种,为我国油菜生产甘蓝 型替代白菜型、中产到高产的两次跨越打下了基础。

甜菜新品种"甜研301"

培育出水稻良种"京越1号"、小麦良种"北京10"和"北京8号"。开发出小麦"叶龄指标促控法"栽培管理技术体系。

培育出梨新品种"早酥"和"锦丰",多倍体无籽西瓜,龙井

棉花抗枯萎病新品种"86-1号"

茶新品种"龙井43"等。育成"(苏蚕3号 × 秋3) × 苏蚕4号"家蚕品种。

完成家畜品种资源调查及《中国畜禽品种志》的编写,完成全国微量元素硒含量分布的调查研究,研究制定出中国饲料成分及营养价值表。

研制出大面积推广应用的兽用抗菌新药"痢菌净"。开发出病毒浓缩工艺和猪O型口蹄疫组织培养聚乙烯亚胺灭活矿物阿佐剂疫苗。完成我国水貂病毒性肠炎病源分离、鉴定、特异性诊断及同源组织灭活苗的开发。

研制出新农用抗生素"多效霉素",是以我国自行设计的内吸抗生素筛选模型,采用独特的方法生产的抗生素新品种。

"七五"时期

"中棉所 12"棉花

培育出我国种植面积最大、适应性最广的棉花品种"中棉所 12",成为棉花育种的重要骨干亲本。培育出"中棉所 16"等一系列常规棉、短季棉等系列新品种(组合)。

通过全国化肥网试验总结出我国不同气候区、不同土壤条件下各种作物的氮磷钾化肥的增产效果、适宜用量和配合比例。

收集蔬菜种质资源 40743 份,培育出甘蓝新品种"中甘 11 号"和"中甘 8 号",优质、抗病、丰产甜椒新品种"中椒 4 号"和"中椒 5 号"。

筛选出优异果树种质资源 645 份,发掘出 28 份茶树优质材料,收集、保存家蚕品种、品系 800 余份,建立了家蚕品种资源数据库和管理系统。

"中椒 4 号"甜椒

三眠蚕超细纤维度蚕丝及产品

研制成功布鲁氏菌羊种 5 号菌苗、猪传染性萎缩性鼻炎油佐剂灭活菌苗、羊流产衣原体灭活疫苗。制定了我国第一个正式的《鸡的饲养标准》。

用 SM-1 诱导三眠蚕生产超细

纤度茧丝获得成功。攻克了麻类生物脱胶与制浆技术。

"八五"时期

育成高产、优质、多抗杂交水稻组合"汕优 10 号"、棉花新品种"中棉所 19"、番茄新品种"中蔬 5 号"和"中蔬 6 号"、桑品种"桑育 2 号"等一批新品种（新组合）。

"汕优 10 号"水稻　　　　　　　"中棉所 19"棉花

针对我国小麦、玉米、棉花等主要粮棉作物重大病虫害开展了综合防治技术体系研究，研究成功一批综合配套的控害减灾实用技术和产品。研究制定了全国不同生态区优质棉高产技术体系。

建立了国家农作物种质资源数据库系统，完成了主要粮食作物种质资源抗旱（涝）性与抗病虫性的鉴定与评价。选育出 9 个繁殖力、肉质、窝产、瘦肉量达国际领先水平的瘦肉猪专门化品系。研究成功猪、鸡营养参数及配方新技术。建立了中国北方草地草畜平衡动态监测系统。研制出牛瘟和牛肺疫疫苗和防控技术。建立农业血防综合治理新中国瘦肉型猪新品系技术。

研制出 PY1 及 PY2 摇臂式喷头等喷灌机具，喷灌节省灌溉用水 45%~55%,并减少作物耗水 10%。

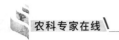
构建了国家棉铃虫区域性灾变预警系统，形成了覆盖全国的棉铃虫发生区的数字测报网络；研究成功了扫描昆虫雷达数据采集、分析系统。建立了我国棉铃虫对转基因抗虫棉抗性的监测系统。

节水喷灌机具试验

棉铃虫迁飞规律监测雷达

建立了外来生物小麦矮腥黑粉菌、梨火疫菌等检测技术体系。构建了对鳞翅目、鞘翅目害虫兼杀的扩大杀虫谱的工程菌。研制出飞机超低容量制剂，建立了飞机超低容量喷雾技术体系。

明确了茶尺蠖、假眼小绿叶蝉等主要茶树害虫与茶树和天敌之间的物理化学通信机制。研究开发出茶尺蠖、茶毛虫和茶刺蛾病毒制剂，田间防效达到90%以上。

"九五"时期

"中棉所17"棉花

完成中国亚洲棉性状及其利用研究，育成适于麦棉套种的棉花新品种"中棉所17"、适合麦棉两熟的夏套低酚棉花新品种"中棉所20"。育成双低高产高抗油菜新品种"中双7号"。

育成早熟春甘蓝型品种"8398"、保护地番茄新品种"中杂9号"和

"中杂8号"、家蚕春用多丝量新品种"春蕾 × 镇珠"。育成优质丰产多抗（耐）广适性烤烟新品种"中烟90"。

深入研究旱灾和低温灾害等农业气象灾害的发生及其对农业危害的新特点，取得了一系列实用技术和产品，有效地提高了防灾减灾效果。

"8398"甘蓝

研究提出我国北方土壤供钾能力及钾肥高效施用技术。研究提出北方旱农区域治理与综合发展技术体系、南方红黄壤地区综合治理与农业可持续发展技术体系。

建立了桃、番茄、甜椒等可控环境果蔬周年长季节栽培品种及温、光、肥、水、CO_2 量化指标，

钾肥试验

结合病虫害综防与计算机辅助决策系统，集成组装了番茄、甜椒长季节土壤栽培技术规程和有机生态型无土栽培技术规程。

研究出一整套茶汁膜浓缩的工业化生产技术及相关调配技术，解决了茶浓缩汁的澄清和色香味保持难题，开发出高香冷溶速溶茶产品。

开发出玉米加工副产物中黄体素和玉米黄素酶法分离和制备整体技术，创建了黄体素和玉米黄素的柱层析制备方法。

采用现代生物酶、膜分离和冷杀菌技术，有效解决了果肉饮料的稳定性、褐变及风味保持等问题。

创建了温室果树应用熊蜂授粉配套技术体系。建立了赤眼蜂工厂化中

试生产新工艺。

开发出我国苏云金芽孢杆菌杀虫剂的商品化生产技术，建立了质量标准技术体系。开发出瘤胃微生物脲酶抑制剂。

"十五"时期

印水型水稻

超级稻"国稻6号"入选国家"十五"
重大科技成就展

发掘出印水型水稻新不育胞质10个，培育出通过省级以上审定的印水型杂交稻组合79个，年种植面积4 500万亩，成为我国该时期种植面积第二大杂交水稻。

提出"以单茎蘖生物产量优势为基础，茎蘖顶端优势、粒间顶端优势和根系顶端优势为中心"的"后期功能型"超级稻新概念与超高产水稻生理模型理论，相继培育出"协优9308""国稻1号""国稻6号""协优107"等一批优质高产超级稻新品种。育成的"中香1号""中健2号"等特优质品种米质达泰国米标准。

选育出"中棉所24""中棉所29""中棉所36""中棉所45号"等一系列优质、多抗丰产系列棉花新品种，突破了早熟与优质的负相关问题。

完善了油菜小孢子培养技术体系，培育出以"中双9号""中油

"中棉所24"棉花

杂 2 号"等为代表的品质、产量和
抗性达到国际先进水平的"双低"
油菜新品种 20 多个。培育出"中
花 4 号"等花生、芝麻新品种。

"中油杂 2 号"油菜

揭示了北方旱区、南方红黄壤
区农田水分生产潜力,创立了旱作
农田肥水协同效应及其耦合模式,
构建了不同类型区主要粮食作物高产高效栽培技术体系。研究提出主要作
物硫钙营养特性、机制与肥料高效施用技术。

南方红黄壤农业综合治理

北方旱区农业综合治理

培育出中国西门塔尔牛新品系,育种群规模达 2 万头。改良黄牛近
100 万头,居国内各改良品种之首。

建立了优质鲁西肉牛育种技术
创新体系,培育了适应我国环境的
优质高产肉牛新品系和高效杂交配
套组合。

西门塔尔优秀种公牛

培育出世界上第一个经人工培
育成功的牦牛新品种,每年改良牦
牛近 30 万头。

梅花鹿、马鹿突破了营养代谢、茸角发生发育机制、高效饲料配制、

大通牦牛

梅花鹿养殖

机动喷粉雾机

病害防制及鹿茸加工等关键技术。

研制出新型背负式机动喷粉雾机，其兼有喷粉、喷雾喷撒颗粒多种功能。

建立了微生物农药发酵新技术新工艺，开发出新型微生物农药中生菌素等。研制出低成本一体化农村生活污水处理设备。

研究提出有机肥和改良剂等联合修复重金属污染土壤的方法。

研究成功油菜芥酸硫甙速测技术及速测仪、黄曲霉毒素速测技术及仪器、利用高酸值动植物油脂生产生物柴油的方法。

NYDL-2000 优质油菜速测仪

"十一五" 时期

建立我国农作物种质资源本地多样性技术指标体系，在国际上首次明确了我国 110 种农作物种质资源的分布规律和富集程度，完成了 110 种作物 20 万份种质资源的标准化整理、数字化表达和远程共享服务。

创立了符合国际标准的中国小麦品种品质评价体系，包括 7 类 72 个指标及其标准化的测试方法，建立了中国面条的标准化实验室制作与评价方法。

面条小麦的品质评价与分子标记选择体系

创制出北方冬小麦不同生态区的五大系列抗旱节水优异种质 39 份，育成通过国家审定的抗旱节水小麦新品种 16 个，水分利用效率提高 20.7%。成功研制出小麦群体改良的理想工具"矮败小麦"，育种效率大幅提高，已选育出以国审小

矮败小麦

麦品种"轮选 987"为代表的通过国家或省级审定的新品种 42 个。

明确了我国棉铃虫区域迁飞规律，建立了覆盖我国棉铃虫发生区的国家棉铃虫区域性灾变预警技术体系并推广应用。

首次阐明了入侵我国的烟粉虱的入侵来源、扩散路径和入侵特点、遗传分化，建立以"隔离、净苗、诱捕、生防和调控"为核心技术的烟粉虱可持续控制技术体系，减少杀虫剂使用量 70% 以上。

针对棉铃虫、斑潜蝇、水稻螟虫、稻飞虱等抗药性严重的害虫，研制的杀虫剂新品种共毒系数高达 500 以上。

制定了双低油菜全程生产、产品配套检测技术方法等 4 大类 20 多项技术标准，在油菜主产区 13 省市推广应用，覆盖率达油菜产区 90%。

明确了南方红壤旱地退化的主要特征，构建了红壤区旱地改土培肥与生产力提升的综合调控技术体系。

率先提出了甘薯"垂直和斜面无土种植"方法，发明了"斜插式立柱""移动式管道"等立体无土栽培技术、"多功能（MFT）水耕栽培"方

甘薯空中结薯技术

法，创新都市型设施园艺关键技术。

建立敏感、特异的猪繁殖与呼吸综合征病原分离鉴定技术和血清学监测诊断技术，研制出预防技术手段和措施。

"十二五"时期

创建了稻米品质高效鉴定技术平台，育成"中鉴100"等品质达部颁二级标准的早稻专用新品种。

利用引进种质和创制的骨干亲本育成 32 个小麦品种，带动西部春麦区和西南麦区实现 2~3 次品种更换。

选育出高产、高含油量、广适应性的油菜新品种"中油杂 11"，是国内推广区域最广的油菜品种。

培育出广适高产优质大豆新品种"中黄 13"，成为自 1995 年以来唯一年推广面积超千万亩的大豆品种。

育成世界上首个集高含油量（49.04%）、强抗裂角、高抗倒伏、抗菌核病为一体的双低油菜品种"中双 11 号"。

育成多抗稳产棉花品种"中棉所 49"，实现了耐旱碱、大铃和高衣分等性状的协同改良，创建了棉花种植标准化技术体系。

世界首例发现的甘蓝显性雄性不育材料

育成甘蓝显性雄性不育系，实现甘蓝育种技术的重大突破。培育出具有高产、优质、多抗、专用等特征的甘蓝、甜椒、黄瓜、马铃薯、桃等系列新品种百余个。

构建了我国超级稻区域化高产栽培技术体系。构建了玉米冠层耕层协调优化理论体系，集成了高产高效技术模式。研究建立了 13 套适应西南、北方、黄淮海等不同生态区域的玉米高产高效生产技术规程。

创建了主要粮食产区农田土壤有机质提升的关键技术和技术模式。

突破了摘果、起秧、清选等花生机收作业长期存在的技术瓶颈，创制出多种高效、适用、经济性好的花生联合收获设备。

四行花生收获机

构建了小麦条锈病菌源基地综合治理技术体系，防病保产效果极其显著。创建了以有效成分、剂型设计、施药技术及风险管理为核心的农药高效低风险技术体系。研发了防控外来入侵生物系列关键预警、监控与阻截技术。

系统集成了旱作农业技术体系与模式，平均降水利用率提高到 68%。

以"源头控制"与"过程阻断"为理念，突破了农业面源污染控制相关的关键技术 30 余项，起草发布的行业或地方标准 10 余项。

首次建立了涵盖土壤生物肥力指标，揭示了导致黄泥田、白土、潜育化水稻土等 5 类土壤低产的关键因素。发明了低成本，易降解的系列肥料用缓释材料，研制出大田作物用缓 / 控肥料生产工艺和关键设备。

解决制约油菜籽等油料高效加工与多层次增值的产业化重大关键技术问题，开发出系列油料脱皮（壳）、低温制油和饼粕蛋白、油脂深加工技术。发明了花生低温压榨制油与饼粕蛋白联产技术及装备、花生伴球蛋白

高山美利奴羊

F16 代五指山小型猪

与浓缩蛋白制备与改性技术、功能性花生短肽制备技术。

育出具有国际领先水平的"高山美利奴细毛羊"新品种，实现了澳洲美利奴羊在我国高海拔、高山寒旱生态区的国产化。

培育出北京鸭配套系。发明了矮小型鸡配套制种技术，培育出并通过国家审定的节粮优质抗病黄羽肉鸡新品种 4 个。建立试验用小型猪近交系种群，打破了国外同类品种垄断格局。

创建了断奶仔猪日粮系酸力模型和系酸力与 dEB 值耦合调控新方法，建立仔猪健康养殖营养与饲料调控综合技术方案，开发仔猪健康养殖添加剂 8 个及预混料、配合饲料优势产品。

解决了乳脂肪、乳蛋白偏低，制约奶牛生产优质乳的技术难题。

建立了全球第一个户用沼气 CDM 方法学，被联合国清洁发展机制专家委员会批准为"农户 / 小规模农场的农业活动甲烷回收方法学"（AMS-III.R）。创建了"大型养殖场畜禽粪便沼气处理 CDM 工艺"。

本文内容节选自《中国农业科学院 60 年》

打造农科精神 实现率先跨越

唐华俊

农业农村部党组成员，中国农业科学院院长，中国工程院院士。

记者：习近平总书记在致中国农业科学院建院 60 周年的贺信中提出了"三个面向"和"两个一流"的要求和目标，农业科学院将如何落实总书记的指示？

唐华俊：要按照总书记贺信和总理批示的精神，制定中国农业科学院中长期发展规划，把"三个面向""两个一流""两个一百年"融入发展目标中，统筹部署院所发展、学科建设、人才培养等中心任务，重点做好以下工作：

一是优化调整农业科研方向与重点。瞄准打造一流学科的目标，依据学科发展基础、优势和需求，谋划打造优势学科高地，培育 170 个左右的支撑学科高地的卓越团队，重点建设作物种质资源与基因改良等 6 个世界级农业科学中心，以及农作物分子育种等 24 个国家级农业科学技术中心。按照建设一流院所的需求，适应现代农业发展需要，在增强科技创新能力、建立现代院所制度、建设院所创新文化等方面发力，力争使作物科学研究所、植物保护研究所、哈尔滨兽医研究所等一批研究所率先达到世界一流水平。

二是统筹资源培育重大科技成果。统筹创新工程、基本科研业务费、

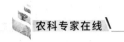

国家主体科技计划、青年英才计划、基本建设项目、修缮购置专项等各类资源配置，坚持问题导向和需求导向，加强农业基础研究、前沿技术攻关、关键技术研发和技术集成，力争在农业科技的重要领域和关键环节实现突破，取得更多有分量的、原创性科研成果，特别是要推动产出若干革命性、颠覆性的重大成果，努力抢占世界农业科技竞争制高点，不断提升中国农业科学院的显示度与影响力，为我国由农业大国走向农业强国提供坚实科技支撑。

三是大力推进人才发展体制机制改革。始终如一地贯彻落实"人才强院"战略，对新形势下人才发展体制机制改革进行顶层设计，实施好"青年人才工程"，构建全方位人才建设体系，从人才引进、培养、激励、评价、保障等方面落实措施，营造尊重知识、尊重人才、激发活力的良好创新氛围，建成整体规模适度、结构功能明晰、学科布局合理、年龄梯次配备、以服务"三农"为己任的创新、转化和支撑的青年人才队伍。

四是全面推进农业科技创新联盟建设。探索农业科技协同攻关和转化应用的重大机制创新，以保障绿色农产品有效供给和支撑产业结构调整为主攻方向，围绕节本增效、质量安全、绿色环保、区域发展等重大问题，凝聚全国优势农业科技力量，实施一批重大协同创新任务，加大技术集成转化应用力度，强化科技支撑与示范带动，形成一批可复制可推广的一体化综合技术解决方案，建立全国农业科技协同攻关新模式。

五是打造农业科技高端智库。发挥决策智囊团作用，围绕农业农村经济和农业科技发展重大问题，组织开展系列调研和专题研究活动，强化智库建设的系统性、整体性、协同性，凝练提出重大咨询建议，充分发挥中国农业科学院在理论创新、政策支持、舆论引导及社会服务等方面的作用。

记者：您如何理解习近平总书记提出的"遵循农业科技规律，加快创新步伐"其中深意？

　　唐华俊：农业科技是研究农业本质及其发展自然规律和经济规律的综合性科学。农业产业在社会生产中的基础性地位以及农业生产系统的生物性、开放性、季节性、地域性等特点，决定了农业科技活动具有自身特点与规律。农业科技活动必须更好地遵循这些规律，农业科技管理工作必须顺应这些规律，才能实现"双轮驱动"，加快提升农业科技创新水平。

　　首先，农业产业在社会中的基础性地位决定了农业科技的社会性、基础性、公共性特点。必须强化国家公益性农业科研机构的职能作用，打造由科研单位、高校、企业、基层农技推广机构共同构成，并动员全社会参与和支持的国家农业科技创新体系。同时要建立以政府为主导的支撑保障体系，加大农业科研的投入。

　　其次，农业科研的长期性、连续性决定了农业科研系统必须是一个稳定的运行系统。拿农作物育种来说，搞水稻、玉米、小麦育种相对比较快，但选出一个品种最快也需要七八年的时间。尽管借助生物技术手段能够缩短这个时间，但是缩短也是有限度的。所以，农业科研人员必须树立长期作战的思想，克服急功近利的心理，而科研管理部门也必须深刻认识到这个客观规律，在制定科研发展规划或项目计划的时候，要更加重视农业科研工作的积累，对农业科研活动提供稳定支持。

　　再次，农业的季节性、地域性决定了农业科研工作必须因时因地制宜。针对不同的农时、不同的区域生态环境条件，瞄准差异化的生产实际需求开展科研工作，取得的成果要在适合地区进行推广。无论何时何地，必须坚持这个规律，这也是实现科技创新驱动农业现代化发展的基础。作为国家综合性科研机构，中国农业科学院充分发挥科技创新优势，综合考虑区域和产业重大需求，通过调整、联合共建等方式，积极谋划区域性综合研究机构建设，科学布局科技资源和研究力量，如在新疆昌吉建设西部农业研究中心、在山东东营共建黄河三角洲现代农业研究院、在四川成都共建国家成都农业科技中心等，为系统解决区域重大产业问题提供强有力

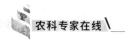

的科技支撑。

最后，农业科研的开放性、综合性、应用性决定了必须建立符合客观规律的科技评价机制。农业研究总体上是应用研究，其发展通常在很大程度上依赖其他基础学科的理论、原理和方法的突破。农业科技活动的成果产出常常是应用技术和产品实物，如动植物新品种、病虫害防控技术、肥料、农药、饲料、疫苗、农机装备等。因此，不能用评价产业工人的方法来评价农业科研工作。要构建符合农业科研工作客观规律的评价体系，建立促进协同创新的评价机制，更加注重中长期评价，更加重视对成果引领支撑产业成效的评价。

记者：请您谈谈中国农业科学院下一步的工作目标。

唐华俊：从 60 周年的新起点出发，中国农业科学院下一步将按照"三个面向"的要求，不断探索农业科技研发、转化应用与产业整体联动、融合发展的模式，破解"三农"发展的核心、关键科技难题，支撑农业供给侧结构性改革，引领农业绿色发展；以"两个一流"为奋斗目标，优化调整学科体系，加强人才团队建设，打造农科精神，在重要农业学科领域跻身世界领先行列，引领带动农业科技整体跃升。

力争到 2020 年，初步建成世界一流现代农业科研院所，全院自主创新能力、创新效率和创新活力明显提升，科技竞争力和国际影响力显著增强，引领和支撑现代农业发展的能力持续提高，符合农业科技发展规律的体制机制创新取得新突破。全院一半数量的研究所建成定位准确、布局合理、协同治理、运行高效的世界一流现代农业科研院所；遴选一半数量的创新团队培育成为水平一流、充满活力的卓越团队；在重点优势学科领域建设 30 个左右农业科学技术中心。

在农业重大基础科学和科技竞争前沿、农业核心关键技术、区域可持续农业综合解决方案和技术模式等方面取得重大突破。促进科技创新由点的突破向整体提升转变，重大科技成果产出由数量增长向量质双升转变，科技评价方式由定量评价向分类评价转变，科研管理模式上积极推进"放管服"改革，加快由单向管理向分类施治、协同治理转变。

中国农业科学院作为农业科研的国家队，要以高度的责任感和使命感，以更强的担当意识和奉献精神，加快推进世界一流学科和一流科研院所建设，引领广大农业科技工作者勇攀高峰，助推中国农业科技的率先跨越。

记者：作为十九大代表，在实际工作中您认为应该如何更好地履行职责？

唐华俊：作为一名老党员，感谢国家多年的培养和提供的众多机遇，我才可能做好自己的农业科技工作。当选为十九大代表，我深感万分荣幸，责任重大，使命光荣。我深知唯有以饱满的政治热情履行好代表职责，以奋发有为的精神状态做好各项工作，才能不辜负党和人民的信任。

作为中国农业科学院院长，我会深入领会牢记习总书记在建院 60 周年贺信中"三个面向""两个一流"的要求，牢牢把握农业科研国家队的定位和使命，立足世界科技前沿，瞄准国家重大需求，深入贯彻创新驱动发展战略，不断推动体制机制改革，进一步提升全院科技创新能力和对全国农业科技创新的引领能力，充分发挥"改革排头兵、创新国家队、决策智囊团"的作用，为推进农业供给侧结构性改革、全面带动我国农业科技整体实力率先进入世界先进行列作出新的更大贡献。

同时，作为中国工程院院士，我的专业方向是农业土地资源遥感，我会围绕国家重大需求持续开展科学研究，推动学科发展，培养青年人才，为农村农业经济发展提供更多的咨询建议，不辜负党、国家和人民对我们的期望。

采写：李海燕　侯丹丹

图书在版编目（CIP）数据

农科专家在线：第一卷/姜梅林，李海燕，邬震坤编著.
—北京：中国农业科学技术出版社，2018.7
ISBN 978-7-5116-3545-7

Ⅰ.①农… Ⅱ.①姜… ②李… ③邬… Ⅲ.①农业技术—
普及读物 Ⅳ.① S-49

中国版本图书馆 CIP 数据核字（2018）第 044369 号

责任编辑　朱　绯　李海燕
责任校对　马广洋

出　版　者　中国农业科学技术出版社
　　　　　　北京市中关村南大街 12 号　邮编：100081
电　　　话　（010）82106626（编辑室）（010）82109702（发行部）
　　　　　　（010）82109709（读者服务部）
传　　　真　（010）82106626
网　　　址　http://www.castp.cn
发　　　行　全国各地新华书店
印　刷　者　北京东方宝隆印刷有限公司
开　　　本　787 mm × 1 092 mm　1 /16
印　　　张　17.5
字　　　数　252 千字
版　　　次　2018 年 7 月第 1 版　2018 年 7 月第 1 次印刷
定　　　价　98.00 元